畜禽解剖生理

潘美荣　主编

江西科学技术出版社

图书在版编目（CIP）数据

畜禽解剖生理 / 潘美荣主编. -- 南昌：江西科学技术出版社，2024.6
职业院校教材
ISBN 978-7-5390-9052-8

Ⅰ.①畜… Ⅱ.①潘… Ⅲ.①畜禽－动物解剖学－生理学－职业教育－教材 Ⅳ.①S852.1

中国国家版本馆 CIP 数据核字(2024)第 103553 号

国际互联网（Internet）地址：
http://www.jxkjcbs.com
选题序号：ZK2024025

畜禽解剖生理 潘美荣　主编
CHUQIN JIEPOU SHENGLI

出版发行	江西科学技术出版社
社址	南昌市蓼洲街 2 号附 1 号
	邮编：330009　电话：（0791）86624275　86610326（传真）
印刷	济南文达印务有限公司
经销	各地新华书店
开本	710mm×1000mm　1/16
字数	225 千字
印张	15.25
版次	2025 年 5 月第 1 版
印次	2025 年 5 月第 1 次印刷
书号	ISBN 978-7-5390-9052-8
定价	58.00 元

赣版权登字-03-2024-90
版权所有，侵权必究
（如发现图书质量问题，可联系调换。）

《畜禽解剖生理》编委会

主　编：

　　潘美荣　龙江县职业教育中心学校

副主编：

　　李明岩　龙江县职业教育中心学校

　　苑　彪　龙江县职业教育中心学校

　　刘　静　龙江县职业教育中心学校

　　刘效法　龙江县职业教育中心学校

　　张子敏　龙江县职业教育中心学校

　　韩雪洁　龙江县职业教育中心学校

　　高文华　龙江县秋美牧业有限责任公司

　　宋景涛　黑龙江金源牧业有限公司

前　言

在当代畜牧业的发展进程中，畜禽的解剖生理学知识占据着至关重要的地位。为了满足行业内的知识需求，经过深思熟虑与精心策划，编撰了《畜禽解剖生理学》一书。该书以严谨、稳重、理性、官方的语言风格，系统地介绍了畜禽解剖生理学的核心原理和知识体系。

畜禽的解剖生理结构直接关系到其生长、发育、生产性能以及健康状况。因此，掌握畜禽解剖生理学知识是实现科学养殖的关键所在。本书从畜禽的骨骼系统、肌肉系统、消化系统、呼吸系统、循环系统、泌尿系统、神经系统等方面进行详细阐述，旨在帮助读者全面了解畜禽的生理特点和器官结构。

本书是以产教融合、书证融通、课证融通为核心理念，依托校企"双元"合作，开发出的一套"理实一体"的高水平教材体系，创新性地构建了畜禽养殖学科的全新教学范式。教材通过精准严谨的文字和专业精美的插图，系统展示了畜禽各器官的形态与结构，为读者在理论学习中提供了直观的体验。同时，教材紧密对标职业标准和岗位需求，以企业"真实工程项目"为蓝本设计教学模块，并配套开发了项目视频，充分体现了实践导向与职业教育的深度融合。这种线上线下融合及活页教材形式的革新打破了传统学习方式的局限，为学习者提供了多样化、沉浸式的学习体验，大幅提升了学习的互动性与实效性。此外，教材中精心挑选了大里临床案例和真实数据，深入解析了畜禽常见疾病的诊断、治疗路径及外科手术的前沿技术，提供了权威且系统的指导。通过翔实的实践指导和操作手册，本教材不仅帮助读者掌握专业技能，更致力于培养解决实际问题的创新能力，引领行业发展新方向，助力养殖效益的全面提升，为畜牧业高质量发展注入新动能。

本书由潘美荣、李明岩、苑彪、刘静、刘效法、张子敏、韩雪洁、高文华、宋景涛共同编写。潘美荣（龙江县职业教育中心学校）担任本书主编，负责项目一至项目五内容的编写，合计10万字以上；李明岩（龙江县职业教育中心学校）担任副主编，负责项目六、项目七、项目九内容的编写，合计4

万字以上；苑彪（龙江县职业教育中心学校）担任副主编，负责项目十、项目十一内容的编写，合计 3 万字以上；刘静（龙江县职业教育中心学校）担任副主编，负责项目八内容的编写，合计 2 万字以上；刘效法（龙江县职业教育中心学校）担任副主编，负责项目十二、项目十三内容的编写，合计 1 万字以上；张子敏（龙江县职业教育中心学校）担任副主编，负责全书的统稿工作；韩雪洁（龙江县职业教育中心学校）担任副主编，负责全书的校对工作；高文华（龙江县秋美牧业有限责任公司）担任副主编，负责全书的实践指导；宋景涛（黑龙江金源牧业有限公司）担任副主编，负责全书的技术指导。

《畜禽解剖生理学》旨在为兽医学生、畜禽科学专业人士、农业科研者、兽医临床医生以及养殖业主等提供全面、准确、权威的畜禽解剖生理学知识。通过阅读本书，读者将建立起严谨的理论基础，并学会解决实际问题的有效方法。作为一本在畜禽养殖领域追求卓越的必备参考工具书，本书将为读者在未来的学术研究和生产实践中提供有力的支持与指导。

畜禽解剖生理教材目录见如下视频资源。

目 录

项目一　畜体基本结构 ... 1
　　任务一　细胞、组织 ... 1
　　任务二　显微镜的构造、使用和保养方法 ... 12
　　任务三　器官、系统、有机体、常用方位术语 ... 17
　　任务四　牛活体触摸 ... 21
　　任务五　牛骨性、肌性标志认识 ... 24

项目二　运动系统 ... 26
　　任务一　骨 ... 26
　　任务二　骨连结 ... 40
　　任务三　动物体全身骨骼、肌肉的位置与识别 ... 44

项目三　被皮系统 ... 55
　　任务一　皮肤 ... 55
　　任务二　皮肤衍生物 ... 58

项目四　消化系统 ... 63
　　任务一　消化管 ... 63
　　任务二　消化腺 ... 76
　　任务三　胃肠运动及小肠吸收的观察 ... 82

项目五　呼吸系统 ... 99
　　任务一　呼吸器官 ... 99
　　任务二　呼吸过程及其生理功能 ... 104

项目六　泌尿系统 ... 110
　　任务一　泌尿器官 ... 110
　　任务二　尿分泌的观察 ... 115

项目七　生殖系统 ... 120
　　任务一　生殖器官形态 ... 120

  任务二 生殖生理 128
  任务三 生殖器官的观察 138

项目八 循环系统 **140**
  任务一 心脏、血管 140
  任务二 心脏、血管生理和血液 151
  任务三 心脏观察 165

项目九 淋巴系统 **168**
  任务一 淋巴系统和免疫细胞 168
  任务二 淋巴结和脾组织构造的观察 179

项目十 神经系统 **181**
  任务一 神经系统概述 181
  任务二 中枢、外周神经及其生理功能 187
  任务三 脑、脊髓形态构造和外周神经的观察 194

项目十一 内分泌系统 **196**

项目十二 感觉器官 **214**
  任务一 视觉器官 214
  任务二 听觉和位觉器官 218

项目十三 畜禽解剖生理特征 **223**
  任务一 家禽解剖生理 223
  任务二 家禽器官解剖与观察 231
  任务三 家禽内脏器官组织结构观察 233

项目一　畜体基本结构

任务一　细胞、组织

一、细胞

（一）细胞的形态和大小

细胞是构成生物体的基本单位，其种类繁多，形态各异，功能也各具特点。以表皮细胞为例，通常呈现扁平形态，主要负责保护皮肤，防止外界有害物质侵入体内。肌肉细胞则呈现出细长且呈纤维状的形态，通过收缩和舒张来驱动身体的运动，从而完成各种动作。而神经细胞则是一种较为特殊的细胞，拥有多个突起，能够接收和传递各种刺激信号，形成复杂的信号传递网络，以维持身体的正常运作。在生物学的研究中，细胞作为生命的基本单元，其形态多样且富有特点。图1-1展示了细胞的几种典型形态，这些形态各异的细胞，共同构成了生物体的基础，支撑着生命的各种功能和过程。

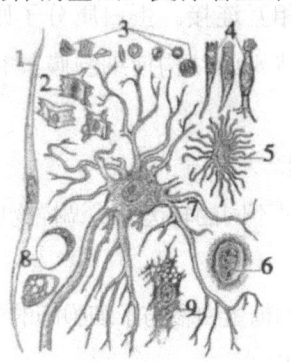

1.梭形；2.方形；3.圆形；4.柱形；5.放射形；6.扁平形；7.星形；8.椭圆形；9.不规则形

图1-1　细胞的形态

（二）细胞的结构

细胞，作为构成生命的基本单位，其微观世界充满了令人惊叹的复杂结构和无限奥秘。受制于其微小的尺寸，唯有借助高科技的显微镜，人类才能一窥其精妙构造。正是这些微乎其微的细胞，铸就了生物世界繁衍生息的基石，彰显了生命的神奇与伟大。

细胞的主要构造单元是一团原生质，这是一个由各种生物大分子组成的复杂混合物。原生质中主要包括蛋白质、核酸、糖类和脂质等物质。这些物质在细胞内发挥着各种重要的生物学功能，如维持细胞的形态、参与生物合成、传递遗传信息等。原生质经过精密的调控和分化，形成了细胞的三大部分：细胞膜、细胞质和细胞核。

1.细胞膜

细胞膜是细胞的外部边界，起着保护细胞内部结构、调控物质进出的重要作用。细胞膜的组成和结构决定了其具有独特的生理功能和物质转运方式。

（1）细胞膜的组成

细胞膜主要由两类分子构成：磷脂分子和蛋白质分子。磷脂分子构成了细胞膜的基本骨架，形成了磷脂双分子层。蛋白质分子则以附着、镶嵌、贯穿的形式存在于磷脂双分子层上，起到了细胞膜功能的关键作用。

（2）细胞膜的结构

细胞膜的结构特点是磷脂双分子层。这一结构具有两个磷脂分子层，彼此之间通过非共价作用力相互连接。蛋白质分子则嵌入磷脂双分子层中，与磷脂分子相互作用。这种特殊的结构使细胞膜具有较好的弹性和可塑性，适应细胞生长和活动的需要。

（3）细胞膜的生理功能

①物质转运：细胞膜通过不同的转运方式调控物质进出细胞，维持细胞内外的物质平衡。

②细胞识别：细胞膜上的糖蛋白参与了细胞间的识别和相互作用，对细胞信号传导和细胞黏附起到关键作用。

③细胞生长：细胞膜为细胞生长提供支撑和保护，同时参与细胞分裂过程。

④免疫防御：细胞膜上的受体分子和转运蛋白参与免疫应答，对抗病原微生物的入侵。

（4）物质出入细胞的方式

①自由扩散：物质从浓度高的一侧通过细胞膜向浓度低的一侧转运。此过程无需消耗能量，如：水、氧气（O_2）、二氧化碳（CO_2）、氮气（N_2）、甘油、乙醇、苯等。

②协助扩散：物质从浓度高的一侧通过细胞膜向浓度低的一侧转运，无需消耗能量，但需要载体蛋白。如：红细胞吸收葡萄糖。

③主动运输：物质从浓度低的一侧通过细胞膜向浓度高的一侧转运，需要消耗能量，并需要载体蛋白。如：小肠吸收无机盐、葡萄糖、氨基酸等。

2.细胞质

细胞质是细胞的一个重要组成部分，主要由细胞质基质和细胞器两大部分构成。细胞质基质是细胞质的固体基底，起到支撑和填充细胞的作用。细胞器则是细胞内具有特定功能的结构单元，两者协同工作，使细胞能够完成各种生物化学反应和生理功能。

细胞质基质主要由胶原纤维、弹性纤维和基质蛋白等组成。这些成分相互交织，形成了一个具有良好弹性和韧性的网状结构，为细胞提供了坚固的支撑。此外，细胞质基质中还含有多种生物大分子，如蛋白质、多糖和核酸等，这些分子在细胞生长、分裂、迁移等过程中发挥着重要作用。

细胞器是细胞内具有特定功能的结构单元。细胞器可以根据其功能和形态进行分类，常见的细胞器包括：线粒体、质膜、滑面内质网、粗面内质网、中心粒、核糖体、高尔基小泡、高尔基体、微绒毛、核仁、细胞核、核被、溶酶体、过氧化物酶体等。这些细胞器各司其职，共同维持细胞的正常生理功能。例如，线粒体是细胞的能量工厂，通过氧化磷酸化反应产生细胞所需的能量；内质网则负责蛋白质的合成、加工和运输；高尔基体则对蛋白质进行进一步加工、修饰和分泌；核糖体则是蛋白质合成的场所；溶酶体和过氧化物酶体则负责细胞的消化和废物清除。

细胞质基质和细胞器在细胞内相互联系、相互作用，共同维持细胞的稳定和功能。细胞质基质为细胞器提供了稳定的物理环境，同时，细胞器也依赖于细胞质基质的营养和物质供应。这种相互依赖的关系使细胞成为一个高度协调、高效的生物系统。

3.细胞核

（1）细胞核的结构组成

细胞核是细胞内的一个膜结构，由核膜、核仁和核质三部分组成。核膜是细胞核的外包围结构，类似于一道坚固的屏障，保护着细胞核内的遗传物质。核膜上有许多核孔，这些核孔允许物质在细胞核与细胞质之间进行有选择性的交换和运输。核仁则是细胞核内一个显著的结构，其主要功能是合成核糖体，从而参与蛋白质合成。核质是细胞核内最大的部分，包含了DNA、RNA等遗传物质，以及一些与基因表达调控相关的蛋白质。

（2）细胞核的功能及其在细胞生命活动中的作用

①遗传信息存储与传递：细胞核是遗传信息的储存库，其中的DNA携带了生物体生长发育、遗传特性等方面的信息。在细胞分裂过程中，细胞核负责将这些遗传信息准确地传递给新生的细胞，确保生物体性状的稳定。

②基因表达调控：细胞核内的基因表达调控影响着细胞的分化、生长发育以及响应外界刺激等多种生物学过程。细胞核内的转录因子和其他相关蛋白可以识别和结合到特定基因的启动子区域，从而调控基因的表达水平。

③细胞代谢调控：细胞核通过对基因表达的调控，影响细胞内多种代谢途径的活性。例如，细胞核内的基因可以调控线粒体的功能，进而影响细胞的能量代谢。

④细胞周期调控：细胞核在细胞周期中起着关键作用，调控细胞的增殖与分裂。细胞核内的基因和相关蛋白可以控制细胞周期进程，确保细胞在适当的时机进入下一个生长阶段。

（三）细胞的基本机能

1.细胞膜

（1）结构

①磷脂双分子层：细胞膜的基本支架。细胞膜主要由磷脂双分子层构成，这一层状结构为细胞提供了一个稳定的物理屏障，将细胞内外分隔开来。磷

脂双分子层由两层磷脂分子组成，内外层之间通过疏水相互作用力和磷酸头部之间的静电相互作用力相连。这种独特的结构使细胞膜具有较好的弹性和可塑性，适应于细胞的各种生理活动。

②蛋白质：三种存在状态。蛋白质是细胞膜的另一个重要组成部分。根据它们在细胞膜上的分布和功能，蛋白质可分为三类：镶在磷脂双分子层表面的蛋白质、嵌入磷脂双分子层的蛋白质和贯穿磷脂双分子层的蛋白质。这些蛋白质在细胞膜的功能调控中发挥着关键作用。

③糖类：与蛋白质结合形成糖蛋白。糖蛋白在细胞识别、信号传导和细胞间相互作用等方面发挥着重要作用。

（2）功能

①细胞的界限：细胞膜的核心职责在于充当细胞的界限，有效隔离细胞与外部环境。这一重要功能确保了细胞能在独立的环境中进行生命活动，同时为细胞提供了必要的自我保护机制，确保其内部结构和功能的稳定。

②控制物质进出细胞：细胞膜具有选择性地允许某些物质进出细胞的能力。这种选择透过性是通过跨膜运输方式实现的。跨膜运输包括自由扩散、协助扩散和主动运输。自由扩散是无需能量消耗的物质运输方式，协助扩散和主动运输则需要载体蛋白的参与。此外，细胞膜还有一种非跨膜运输方式，即胞吞和胞吐，用于大分子物质和细胞器的运输。

③进行细胞间的信息交流：细胞膜还负责细胞间的信息交流。这种交流可以通过化学物质通过体液运输、细胞直接接触以及形成通道等方式实现。细胞膜上的受体蛋白和信号传导途径在细胞信息交流中起着关键作用。

2.细胞质

（1）细胞质基质

①成分：细胞质基质富含多种物质，其中包括水、无机盐离子、脂类、糖类、氨基酸、核酸以及众多酶等。这些成分共同构成了细胞质基质的丰富内涵，为细胞内的各种生物化学反应提供了必要的物质基础。

②功能：新陈代谢的主要场所，为新陈代谢的进行提供物质和环境条件。

(2) 细胞器（表1-1）

表1-1 细胞器的类型

类型		形态	结构	功能
双层膜结构的细胞器	线粒体	椭球形	双层膜围成，内膜内突形成嵴	有氧呼吸的主要场所。数量多少与物种与新陈代谢强度有关
单层膜结构的细胞器	内质网	滑面型内质网粗面型内质网	由膜连接而成的网状结构	与糖类、蛋白质、脂肪的合成有关，也是蛋白质加工场所。
	高尔基体	—	扁平囊状结构	与分物的生成有关
	溶酶体	泡状	多种水解酶	分解衰老损伤的细胞器，吞噬杀死侵入细胞的病毒和病菌
无膜结构的细胞器	核糖体	椭球形粒状小体	附着在内质网上的核糖体、游离的核糖体	蛋白质合成的场所
	中心体	蛋白质、RNA	两个互相垂直的中心粒及周围的物质组成	与细胞的有丝分裂有关

(3) 细胞器之间的协调配合（分泌蛋白质的合成）

①合成场所：核体。核体是细胞中负责蛋白质合成的重要部位。在这里，DNA通过转录过程生成信使RNA（mRNA），然后mRNA从核体中转移到细胞质中，为接下来的翻译过程提供指令。

②能量供应：线料粒体。线粒体是细胞的能量工厂，它通过氧化磷酸化过程产生大量的ATP分子。这些ATP分子为细胞的各种生物化学反应提供能量，包括蛋白质合成过程。

③蛋白质合成方向：核糖体→内质网→囊泡→高尔基体→分泌小泡→细胞膜→分泌到细胞外。

④蛋白质结构：核糖体→内质网→高尔基体→细胞膜

　　　　　　　↓翻译　↓加工　↓加工　↓分泌。

⑤功能：蛋白质→较成熟的蛋白质→成熟的蛋白质→特定功能蛋白质。

二、组织

（一）上皮组织

1. 被覆上皮

（1）被覆上皮结构示意图（图1-2）

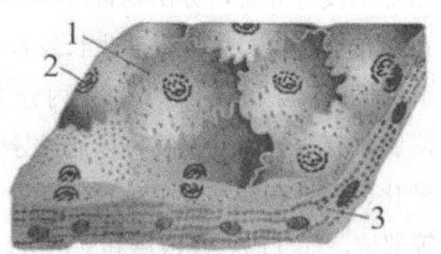

1.扁平上皮；2.细胞核；3.结缔组织

图1-2 被覆上皮结构示意图

（2）被覆上皮类型和主要分布（表1-2）

表1-2 被覆上皮类型和主要分布

类别	区位	器官
单层上皮	单层扁平上皮	内皮：心血管、淋巴管腔面
		间皮：胸膜、心包膜和腹膜表面
		其他：肺和肾小囊壁层上皮
	单层立方上皮	肾小管上皮、甲状腺滤泡等
	单层柱状上皮	胃肠和子宫等
	假复层纤毛柱状上皮	呼吸管道等
复层上皮	复层扁平上皮	角化（皮肤）、未角化（口腔）
	变移上皮	泌尿道
	复层柱状上皮	睑结膜等

被覆上皮位于体表或各种内脏腔面具有保护、吸收、分泌和排泄功能。

2. 腺上皮

腺上皮细胞是一种特殊的上皮细胞，其主要功能是合成和分泌。在上皮组织中，腺上皮细胞占据着重要的地位。它们在许多器官和组织中发挥着关键作用，因此，以腺上皮为主要成分的组织或器官被称为腺或腺体。

腺体根据其构成细胞的数量可分为单细胞腺和多细胞腺。单细胞腺的特点是腺细胞单个散在分布，例如杯状细胞。在生物体中，大多数腺体属于多细胞腺。这种类型的腺体由多个细胞组成，协同完成各种生物合成和分泌任务。

腺体可根据其生理功能和结构特点进一步分类，分为内分泌腺和外分泌腺。内分泌腺主要是指那些没有导管，分泌物直接进入血液循环的腺体。这类腺体的分泌物通过血液传输到全身各处，对生长发育、新陈代谢等方面具有调节作用。例如，甲状腺、胰腺和肾上腺等都是内分泌腺。

与之相反，外分泌腺具有导管，分泌物可以通过导管排出体外。这类腺体的分泌物主要用于消化、保护和润滑等生理功能。外分泌腺广泛分布于皮肤、消化道、呼吸道等部位，如汗腺、唾液腺和肺泡等。

3.感觉上皮

感觉上皮是一种特殊的细胞层，其主要分布在身体的眼和耳等重要感官部位。感觉上皮细胞具有高度的专业性，其能够将各种外部刺激转化为神经信号，进而传递给大脑进行处理和解析。

（二）结缔组织

1.基础性结缔组织

（1）纤维性结缔组织

纤维性结缔组织又称蜂窝组织。纤维性结缔组织以其多样的功能而著称，主要包括支持、连接、填充、缓冲、营养和保护。首先，纤维性结缔组织为各种组织和器官提供支撑，使它们保持稳定的形态和位置。同时，它还负责连接不同类型的细胞和组织，形成一个统一的整体。此外，纤维性结缔组织还能够填充空隙，填充器官和组织的间隙，从而保持组织结构的完整性。在受到外力冲击时，纤维性结缔组织还能够起到缓冲作用，保护内部组织免受损伤。同时，它还具有营养和保护功能，为周围细胞提供养分，并抵抗病原微生物的侵袭。

纤维性结缔组织的细胞主要包括成纤维细胞、巨噬细胞、浆细胞和肥大细胞。成纤维细胞是纤维性结缔组织的主要细胞类型，负责合成和分泌纤维和基质。巨噬细胞则负责清除组织内的废弃物和病原体，维护组织清洁。浆细胞能够分泌抗体，参与免疫反应。而肥大细胞则含有大量颗粒，能够释放组胺等生物活性物质，参与过敏和炎症反应。

细胞间质是纤维性结缔组织的另一个重要组成部分，主要包括纤维和基质。纤维主要由胶原纤维和弹性纤维组成，它们为组织提供强度和弹性。基质则是一种复杂的网络结构，包含多种蛋白质、多糖以及生长因子等，为细胞提供支撑和营养，并参与许多生物化学反应。

（2）致密结缔组织

致密结缔组织与疏松结缔组织在结构上存在一定的相似性，但在细胞和纤维的分布以及整体结构方面有明显的差异。致密结缔组织的特点可以概括为细胞数量较少，纤维成分丰富，结构紧密且具有很强的坚韧性。

（3）脂肪组织

①脂肪组织的储存功能：脂肪组织是动物体内一种重要的组织，其主要功能是储存能量。在动物体内，脂肪组织犹如一个能量库，当动物摄取过多的热量时，这些热量会转化为脂肪储存在脂肪组织中。脂肪组织内的脂肪分子可以长时间储存，并在需要时分解，为动物提供能量。这种储存方式有助于动物应对食物短缺或其他生存压力，确保其生存和繁衍。

②脂肪组织的保温功能：脂肪组织具有较好的保温性能，可以帮助动物在寒冷的环境中维持体温。脂肪组织中的脂肪分子间距较大，热量在脂肪组织内的传递速度较慢，从而使动物体内的热量损失减少。因此，脂肪组织对于动物在寒冷环境下生存具有重要意义。特别是在高纬度地区生活的动物，脂肪组织的厚度往往与它们的生存适应能力密切相关。

③脂肪组织的缓冲功能：脂肪组织还具有缓冲压力和冲击的作用。动物在运动或遇到外界冲击时，脂肪组织可以起到缓冲作用，减轻器官和骨骼的压力。此外，脂肪组织还能够调节动物体内的激素水平，维持激素平衡。

④脂肪组织的生物学意义：脂肪组织在动物体内具有重要的生物学意义。首先，脂肪组织是能量代谢的主要场所，对于动物的生长、发育和生存至关重要。其次，脂肪组织与动物的免疫系统密切相关，脂肪细胞（尤其是内脏脂肪细胞）能够产生多种炎性细胞因子，影响免疫细胞的分化和功能。此外，脂肪组织还参与血管生成、神经系统发育等多种生理过程。

（4）网状组织

首先，网状细胞是网状组织的基本构成单元，具有多种功能。一方面，网状细胞能够参与生物体的免疫调节，作为免疫细胞，可以识别并清除体内的病原微生物和异常细胞。另一方面，网状细胞还能合成和分泌多种生物活性物质，如细胞因子、生长因子等，这些物质在生物体的生长、发育、炎症反应等过程中起着重要的调节作用。

其次，网状纤维是网状组织的支撑结构，主要由胶原纤维和弹性纤维组成。胶原纤维为网状组织提供了强度和韧性，使组织能够承受外部压力和拉伸；而弹性纤维则赋予了组织一定的弹性和回弹力。网状纤维的排列方式独特，形成了网状结构的骨架，为网状细胞提供了良好的生长环境。

最后，基质是网状组织中的填充物质，主要由胶原蛋白、弹性蛋白、糖胺聚糖等分子组成。基质为网状细胞提供了支撑和营养，同时也参与调节细胞生长、分化、迁移等过程。此外，基质中的分子还可以结合水分，保持组织内的水分平衡，使网状组织保持良好的弹性和韧性。

2.支持性结缔组织

软骨与骨是两种最为常见的支持性结缔组织。

软骨主要是由软骨细胞、基质和纤维构成的。这些组成部分协同工作，赋予了软骨独特的弹性和抗压性能。软骨在生物体中发挥着重要的缓冲和减震作用，例如关节软骨能够减少关节间的摩擦，保护关节不受损伤。

骨则是一种更为坚硬的结缔组织，其构成主要包括细胞（骨细胞）、基质（有机物和无机物）和纤维（胶原纤维）。骨细胞在骨组织中发挥着关键作用，参与骨的生长、发育和修复过程。基质中的有机物和无机物为骨提供了必要的硬度和强度，而胶原纤维则形成了骨的网格状结构，增强了其力学性能。

3.营养性结缔组织

血液和淋巴是营养性结缔组织的两个关键组成部分。血液是一种复杂的液体组织，由多种细胞、基质和纤维组成。其中，血细胞是主要的细胞成分，而血浆则是血液的基质，携带着各种营养物质、氧气和代谢产物。此外，纤维蛋白原是血液中的重要纤维成分，对凝血过程至关重要。

与血液相似，淋巴也是一种重要的液体组织，其成分与血浆相似，但淋巴细胞是主要的细胞成分。淋巴细胞在免疫系统中发挥着重要的作用,参与抵抗病原体和维护免疫平衡。淋巴液是细胞间质的一部分,类似于血浆,起着输送养分和维持细胞环境平衡的作用。

(三)肌组织

肌组织类型、特点和分布部位(表1-3)。

表1-3 肌组织类型、特点和分布部位表

类别	平滑肌	骨骼肌	心肌
细胞	梭形	长圆柱状	长圆柱状
核	一个,位于中央	多达一百多个,紧贴细胞膜深面	1~2个,位于细胞中央
类型	不随意肌	随意肌	不随意肌
特点	收缩力弱而缓慢,但能持久,不易疲劳	收缩力强而迅速,易疲劳,不持久	收缩力弱而缓慢,但能持久,不易疲劳
分布部位	消化、呼吸、泌尿、血管等器官的管壁上	附于骨骼上	心脏

肌肉组织主要由肌细胞构成。肌细胞是一种特殊的细胞,其形态独特,一般呈现纤维状,因此也被称为肌纤维。如图1-3所示,肌纤维的形态特点是其显著的纤维状结构。肌细胞的细胞质中,含有大量的肌原纤维,这些肌原纤维是肌细胞能够进行收缩和舒张的关键。因此,肌细胞的细胞质也被赋予了肌浆的称呼。肌细胞具备独特的收缩和舒张能力,这是其他细胞所不具备的。这使得肌细胞成为机体各种动作的实现者,例如躯体运动、消化管蠕动、心脏跳动等。根据肌细胞的形态结构、分布和功能特点,可以将肌组织分为三类。

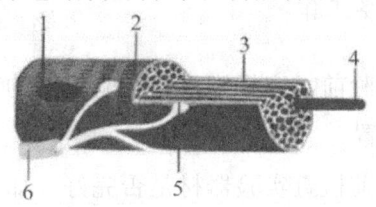

1.细胞核;2.肌纤维;3.结缔组织;4.肌原纤维;5.神经肌肉接点;6.运动神经元

图1-3 肌纤维示意图

第一类是骨骼肌，骨骼肌主要由骨骼肌纤维组成。这些肌纤维呈现出圆柱状，多核，细胞质中的肌原纤维有横纹，因此又被称为横纹肌。由于骨骼肌多数附着在骨骼上，所以得名骨骼肌。骨骼肌的特点是收缩力量强大，但持续时间不长，容易疲劳。此外，骨骼肌还可以受到意识的支配，因此也被称为随意肌。

第二类是平滑肌，由平滑肌纤维组成。这些肌纤维呈长梭形，细胞核位于肌纤维中央，呈杆状。细胞质中的肌原纤维平滑，没有横纹，因此被称为平滑肌。平滑肌不受意识的支配，属于不随意肌。其收缩力量较弱，但速度缓慢，具有很好的持久性，不易疲劳。平滑肌主要分布在消化、呼吸、泌尿等内脏器官壁和血管壁内。

第三类是心肌，由心肌纤维组成。肌纤维为短圆柱状，有分支并互相连接成网状。肌原纤维有横纹，但并不明显。每个肌纤维有1~2个卵圆形核，位于肌纤维中央。心肌是心脏特有的肌肉，其收缩力量强大且持久，因为不受意识支配，所以属于不随意肌。

任务二　显微镜的构造、使用和保养方法

一、明确实验室的规则

在实验室中，遵守规则和安全操作至关重要。为了确保实验室的安全和良好实验环境，制定了以下实验室规则，并要求所有学生严格遵守。

（一）实验前的准备工作

学生在每次进行实验前，应仔细查看实验桌上的物品摆放情况，熟悉实验器材和试剂的摆放位置。

学生需在实验开始前检查实验器材是否完好，如有损坏或故障，应及时报告实验教师。

（二）保持实验室整洁

学生在实验过程中需保持桌面整洁，严禁乱丢废弃物。固体废弃物应倒入污物筒，液体废弃物应倒入水池。实验过程中产生的有毒、易燃、易爆等危险废弃物，需按照相关规定进行妥善处理。

（三）实验座位安排

每个学生应固定实验座位，不得随意更换。实验座位安排旨在确保实验室秩序，降低实验风险，提高实验效率。学生需严格遵守此项规定。

（四）实验后的卫生打扫

每次实验结束后，学生需按照实验室卫生标准，对实验区域进行打扫。学生应将实验器材归位，确保实验室恢复正常状态。
学生需积极参与实验室的卫生打扫工作，共同维护实验室的整洁和安全。

（五）实验安全意识

学生在实验过程中应始终保持安全意识，遵守实验规程，不得擅自改变实验方案。学生在实验过程中如遇到突发情况，应立即报告实验教师，遵循教师指导处理。

二、对照实物学习显微镜结构

教师首先展示显微镜，并逐一介绍其各部分的名称和功能。从显微镜的底部开始，包括镜座、镜柱、镜臂、载物台（具有通光孔和压片夹）、遮光器、反光镜。然后向上介绍，包括镜筒、转换器等部分。

重点讲解部分包括粗准焦螺旋和细准焦螺旋，以及转换器等重要组件（参考图1-4）。在讲解过程中，配合一些操作动作，以帮助学生加深记忆。例如，如何转动转换器来选择不同的物镜，以及如何旋动粗准焦螺旋和细准焦螺旋，并解释两者之间的明显区别。

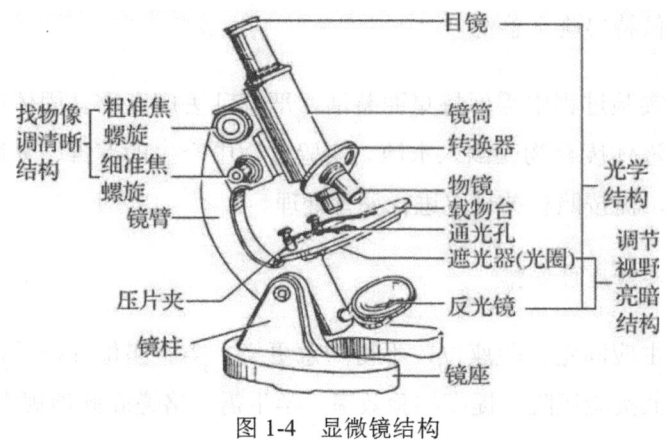

图 1-4 显微镜结构

三、显微镜使用注意事项歌诀

遵循低倍操作规，高倍慎用守原则；
目镜保护为首要，禁手触摸记心头。
镜片清洁需保持，擦镜纸擦是良策；
勿乱转焦转换器，稳定使用很重要。
载物台保持整洁，干燥防潮要做好；
取送镜片要轻放，右手握臂左托座。
实验完毕复原状，仪器归位要记牢；
存放位置要记清，下次使用更顺畅。
保护仪器是责任，共同维护齐心协。

四、显微镜的使用方法训练

（一）取镜

用右手握住显微镜的主体，左手托住显微镜的底部，将显微镜稳定地放置在实验台上。

（二）安装镜头

将显微镜稍微偏向左侧，以便于安装和调节镜头。然后，将物镜镜头插入显微镜的镜筒中，注意对准通光孔，保证光线畅通。

（三）对光

升起镜筒，使物镜离载物台一段距离，然后转动转换器，使低倍物镜对准通光孔。接下来，打开光源，调整反光镜，使光线照亮样本。在此过程中，要时刻观察视野中的光亮程度，如有需要，可以调整光圈和反光镜，以获得清晰的光线。

（四）观察

将待观察的样本放置在载物台上，用压片夹固定。降低镜筒，使物镜接近样本，此时要侧视显微镜，观察样本是否处于物镜的中心。如果位置正确，升起镜筒，开始观察。在观察过程中，要注意调整细准焦螺旋，使图像更加清晰。

接下来，师生可同步进行操作，教师在此过程中应重点关注学生的操作动作是否规范，并及时指出不足之处。特别要强调的是，在观察物象时，学生要用左眼观察物镜中的图像，同时右眼要保持睁开，以便于绘图。

五、认识玻片标本

玻片标本是在显微镜下观察的重要样本之一，其特点和用途广泛，对于生物学、医学和其他科学领域的研究都具有重要的意义。这些标本通常制备在薄而透明的玻片上，以便透过光线，通过显微镜进行观察和研究。

（一）特点

1.薄而透明

玻片标本通常制备在非常薄的玻璃片上，确保光线能够透过标本，使得细胞和组织的细节能够清晰可见。

2. 固定和染色

标本通常需要经过固定和染色的处理，以保持其原有的形态结构并增强对比度，使得显微镜下的观察更为准确。

3. 代表性

玻片标本应选择代表性的组织或细胞，以确保研究者能够获取有关样本整体特征的信息。

（二）用途

1. 生物学研究

玻片标本在生物学中被广泛应用，用于观察和研究细胞结构、组织构成以及生物体内各种微观结构的变化。

2. 医学诊断

医学领域利用玻片标本进行组织活检，用于疾病诊断和组织健康评估。

3. 教学和科研

教学实验室和科研机构中，玻片标本被用于培养学生对细胞和组织结构的理解，同时为科学家提供研究的基础数据。

显微镜的构造、使用和保养方法相关视频讲解见资源1-1。

资源1-1

任务三　器官、系统、有机体、常用方位术语

一、器官

在生物体内,器官是由不同组织按照一定规律有机地结合在一起的结构,它们在体内占有一定位置,具有一定的形态结构,并执行特定的功能。典型的例子包括胃、肠、肾等器官。

这些器官可以组成不同的系统,比如口、胃肠、消化腺等构成消化系统。此外,还有管状器官,如食管、胃、肠、气管、膀胱以及血管等。这些管状器官负责导流、输送物质,保持生物体的正常运行。

另一方面,实质性器官则包括肝、脾、肺以及肌肉等。这些器官在体内承担着重要的功能,如代谢、免疫、呼吸和运动等。它们通过特定的形态结构和组织方式,有机地结合在一起,形成相对独立但相互关联的功能单位。

二、系统

系统是一个由若干个形态结构不同、功能上密切相关的器官联合起来的协同组合体。这种联合使得器官能够共同完成体内某一方面的生理功能,彼此分工合作。以消化系统为例,它包括口腔、食管、胃、肠等多个器官,各自承担着摄取、消化、吸收和排除废物等不同的生理功能。

在系统内,各器官相互配合,形成了一个完整而高效的生理过程。这种密切的关联性确保了系统内各部分的协调运作,使得整个生物体能够适应外界环境,并维持内部稳态。生物体内的不同系统之间存在相互依存的关系,它们共同维持整体的生命活动。这有机地结合使得生物体能够完成各种必要的生理功能,同时保持其稳定的内部环境。因此,系统在生物体内起着至关重要的作用,促使各个器官之间形成有机而协调的整体结构。

三、有机体

有机体又称为生物体，是由许多系统构成的统一有机整体。维持有机体内外环境的平衡对其正常功能和生存至关重要。这种平衡是通过神经体液调节来实现的。

神经调节是有机体内部对外界刺激做出迅速而有目的的反应的过程。其重点概念之一是反射，这是一种自动的、无意识的神经活动，其表现形式包括感觉器官接受刺激、神经传递信息、中枢神经系统处理信息并产生相应的反应。反射是一种保护性机制，使有机体能够快速、准确地做出对潜在威胁的反应。神经调节的特点包括速度快、对刺激的敏感性高、持续时间短等。

体液调节是通过体内液体，如血液和淋巴液中的化学物质，来调控生理过程的一种机制。体液调节的表现形式包括激素的分泌和作用，这些激素通过血液传递，对目标组织产生调节作用。体液调节的特点包括作用广泛、效果持久、调节范围大等。

四、解剖学常用方位术语

（一）切面

解剖学是研究生物体结构与功能关系的科学，其中，方位术语是描述解剖学切面的重要概念。在这个领域，有三个基本的解剖学切面，分别是矢状面、横切面（也称为冠状面）和额面（也称为水平面），图1-5为牛体的三个基本切面及方位。

首先是正中矢状面，矢状面是与生物体长轴平行的切面，它将生物体分为左、右两个对称的部分。矢状面在解剖学中的应用非常广泛，因为它能够展示生物体在纵向上的结构与功能。

其次是横切面，也称为冠状面。冠状面是与矢状面和额面垂直的切面，它将生物体分为前、后两个部分。冠状面在解剖学中也很重要，因为它能够展示生物体在横向上的结构与功能。例如，在解剖学中，冠状面可以展示心脏、肺脏、肝脏等器官的形态和位置。

最后是额面，也称为水平面。额面是与地面平行的切面，与矢状面垂直，将生物体分为背、腹两个不对称部分。额面在解剖学中的应用价值很高，因为它能够展示生物体在水平方向上的结构与功能。

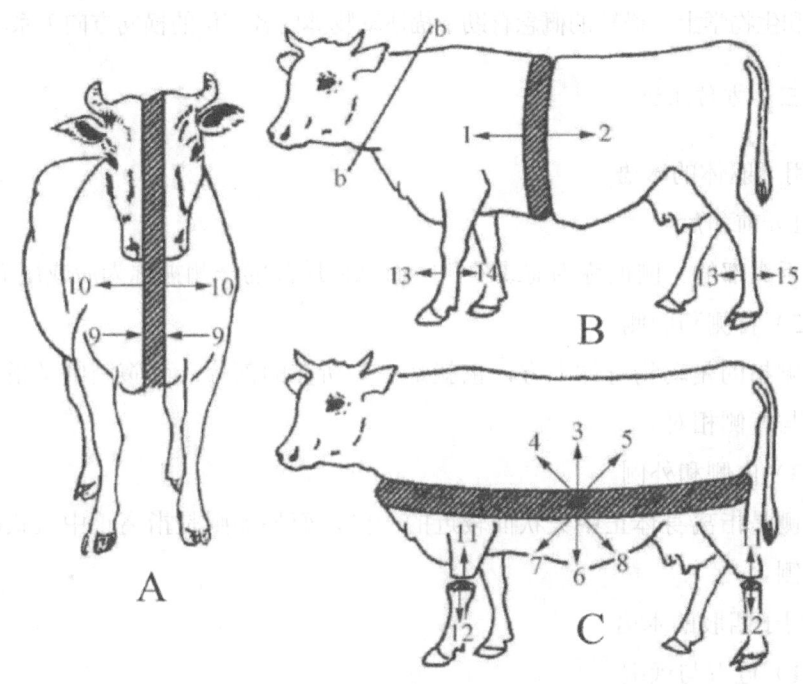

A.正中矢状面；B.横断面；C.额面；b-b.横断面
1.前；2.后；3.背侧；4.前背侧；5.后背侧；6.腹侧；7.前腹侧；8.后腹侧；9.内侧；10.外侧；11.近端；12.远端；13.背侧（四肢）；14.掌侧；15.跖侧

图 1-5　牛体三个基本切面及方位

（二）轴

1.长轴

长轴，又称纵轴，是指从动物体的头端延伸至尾端的方向，与地面平行。在动物体内，头、颈、四肢以及各器官的长轴都以纵长的方向为基准。例如，头部的长轴是从头部的上端延伸至下端，与地面平行的方向。颈部、四肢和其他器官也都有相应的长轴,其方向都是纵向的。

对于四肢而言,其长轴是指从上端延伸至下端的方向,与地面垂直的轴。这意味着四肢在身体上的延伸方向是垂直于地面的。

2.横轴

横轴与长轴相垂直,是与动物体长轴方向相交的轴线,同时与地平面平行。在解剖学和生物学上,横轴的概念有助于描述动物体内各部位的横向方向关系。

(三)方位术语

1.用于躯体的术语

(1)前和后

靠近头部的一侧被称为前或颅侧,而靠近尾部的一侧被称为后或尾侧。

(2)背侧和腹侧

背侧指的是动物身体上方,也就是额头所在的部分;而腹侧则是指身体下方,与背侧相对。

(3)内侧和外侧

内侧是指离身体正中矢状面较近的一侧,而外侧则是指离正中矢状面较远的一侧。

2.用于四肢的术语

(1)近端与远端

近端指的是离身体中心较近的一端,通常与躯干相连。相反,远端是指离躯干较远的一端,通常是指向肢体的末端。

(2)背侧、掌侧和跖侧

在前肢和后肢中,面向前的部分被称为背侧,面向后的部分被称为掌侧。对于后肢,面向后的部分被称为跖侧。

(3)桡侧和尺侧

桡侧指的是前肢的内侧,而尺侧则指的是前肢的外侧。

(4)胫侧和腓侧

胫侧指的是后肢的内侧,腓侧则指的是后肢的外侧。

（5）轴侧和远轴侧

轴侧指的是距离四肢中轴较近的一侧，而远轴侧则指的是离四肢中轴较远的一侧。

器官、系统、有机体相关视频讲解见资源1-2。

资源1-2

常用方位术语相关视频讲解见资源1-3。

资源1-3

任务四　牛活体触摸

一、目的要求

在进行畜牧工作或相关研究时，深入了解和熟练掌握牛的生理结构至关重要。要更好地熟悉和掌握牛的骨性标志、肌沟、全身骨骼及四肢关节在体表的投影位置，需要满足以下两点要求。

首先，熟悉接近牛的方法。为了更好地接近牛，实验者需要了解牛的习性、行为特点以及它们的喜好。这样可以降低在接近牛时产生的抗拒和恐惧心理。此外，还要学习如何正确地牵引、抚摸和安抚牛，以便在畜牧养殖、繁殖、兽医诊疗等过程中更加顺利。

其次，掌握牛的常用骨性标志、肌沟、全身骨骼及四肢关节在体表的投影位置。这是因为在牛的生理结构中，骨性标志、肌沟等是判断牛的生长发育、健康状况以及实施外科手术等重要依据。因此，熟悉这些标志和关节的位置对于畜牧工作者、兽医等具有重要意义。

二、材料用具

健康牛、保定绳、保定架。

三、实验内容

（一）畜禽的接近

在畜禽养殖和驯养过程中，人与畜禽建立良好的互动关系至关重要。为了确保人与畜禽的安全，以及顺利地进行后续的养殖、驯养和管理工作，需要掌握正确的接近方法。

首先，接近畜禽时，应先以温和的呼声，向畜禽发出欲要接近的信号。这一步是为了让畜禽提前知道人的意图，从而减少它们的恐慌和抵抗。需要注意的是，发出的信号要清晰、稳定，避免忽高忽低，以免引起畜禽的紧张。

其次，当畜禽对人的接近表示接受时，可以从其前侧方慢慢接近。在这个过程中，要保持平静、缓和的姿态，避免突然动作引起畜禽的惊慌。同时，还要密切关注畜禽的反应，随时调整接近的速度和角度，确保畜禽感到舒适。

当成功接近畜禽后，可以采取以下几种方式与其建立信任关系：①用手轻轻抚摸畜禽的颈侧。这样可以缓解畜禽的紧张情绪，使其更容易接受人的触摸。②等待畜禽安静下来后，再进行体表触摸。此时，畜禽的警觉性已有所降低，触摸起来更为安全。③为了确保安全，可以对实习畜禽进行适当的保定。保定畜禽的方法有很多，如使用保定绳、保定架等。保定时要遵循操作规程，避免对畜禽造成伤害。④在触摸畜禽时，要关注畜禽的生理和心理需求。如在触摸过程中，注意观察畜禽的呼吸、体态变化，确保其处于舒适状态。同时，还要关注畜禽的眼神、耳朵等表现，了解其情绪变化。⑤接触畜禽时，要保持个人卫生。避免患有疾病或携带病原体，以免传染给畜禽。此外，还要注意个人防护，避免被畜禽误伤。

（二）牛活体触摸

首先，触摸牛只体表可以摸到的骨性标志。这些标志包括头部、颈部、胸部、腰部、四肢等部位的骨骼。通过触摸骨性标志，可以了解牛只的生长发育、体型特征以及骨骼系统的健康状况。

其次，关注颈静脉沟、髂肋肌沟、股二头肌沟等部位。这些沟槽位于牛只的颈部、背部和四肢，是肌肉和骨骼结构的重要界面。通过触摸这些部位，可以了解牛只肌肉和骨骼的发育状况，以及是否存在异常。

最后，对全身骨骼及四肢关节进行触摸。骨骼是支撑牛只身体的基础，关节则是骨骼系统的重要组成部分。通过触摸全身骨骼及四肢关节，可以检查牛只是否存在骨折、脱位、关节炎等骨骼疾病，以确保其行走、运动等方面的正常功能。

此外，在触摸过程中，还需关注牛只的生理反应。观察牛只在触摸时的反应，可以了解其对疼痛的敏感程度，以及是否存在对特定部位的异常反应。这有助于发现潜在的健康问题，为后续的治疗和护理提供依据。

四、教学组织

将学生划分为两个小组，每个小组将接受为期一小时的系统化培训。培训期间，授课教师将全面细致地阐释操作规程，并通过实际演练来展示操作细节。待学生们基本掌握相关知识与技能后，教师将根据每个小组的特点和具体需求，为他们提供针对性地个别辅导。

任务五　牛骨性、肌性标志认识

一、牛骨性标志

牛骨性标志作为动物学中的重要概念，不仅在学术研究中具有价值，在实际应用中也具有重要意义。这些标志在牛的骨骼系统中起着关键作用，通过观察和研究这些标志，可以更好地了解牛的生物力学特征、运动方式以及生理功能。

首先，肩胛骨是牛骨性标志的重要组成部分。肩胛骨与胸骨相连，形成了牛的肩关节。这个关节在牛的运动中发挥着重要的作用，特别是在耕地、负重和奔跑等活动中。肩胛骨上的"肩胛窝"是其显著的特征之一，这个凹陷的结构在牛的生长过程中起到了关键的作用。它不仅提供了关节的灵活性，还增强了肩胛骨的稳定性，使得牛在各种运动中更加自如。

其次，髋骨也是牛骨性标志中不可忽视的一部分。髋骨与脊柱和地面都有着密切的联系，它与脊柱相连形成了髋关节，与地面接触的部分则是坐骨结节。这些结构在牛的运动过程中承受着巨大的压力，因此对牛的健康状况有重要影响。通过观察和研究髋骨的特征，可以评估牛的生长状况、健康状况以及运动能力。

最后，肋骨同样是牛骨性标志的重要组成部分。肋骨与胸骨相连，形成了牛的胸腔，为内脏器官提供了保护。肋骨与其他骨骼相互协作，共同完成了牛的各种运动动作。在评估牛的生长状况和健康状况时，观察肋骨的状态也是非常重要的。

二、牛肌性标志

肌性标志是指肌肉在体表的隆起或凹陷处，这些部位在牛的运动中起到重要的作用。如：咬肌、胸锁乳突肌、腹直肌等。这些肌肉组织在动物身体构造中占据了重要的地位,它们不仅参与维持动物的正常生理功能,还在动物的运动、防御、生殖等方面发挥着关键作用。肌肉作为动物体内的动力源泉,其发育状况和健康状况直接关系到动物的生产力和生活质量。

肌沟是肌肉与骨骼相连的部位,如牛的肩胛肌沟、腰部肌沟等。这些肌沟在兽医诊疗和畜牧养殖过程中有重要作用,如判断肌肉发达程度、观察肌肉病变等。通过对肌沟的观察,兽医和养殖人员可以及时了解动物的生长发育状况,发现肌肉疾病,为动物提供有针对性的治疗和保健措施。

在兽医诊疗中,对肌性标志和肌沟的检查是评估动物肌肉状况的重要手段。通过对这些部位的触诊、视诊等方法,兽医可以了解肌肉的硬度、弹性、温度等指标,从而判断肌肉是否处于正常状态。此外,还可以通过肌电图、B超等检查方法,进一步了解肌肉的生理功能和病理变化。

在畜牧养殖过程中,对肌性标志和肌沟的关注有助于提高养殖效益。通过对肌肉发达程度的判断,养殖者可以合理安排饲料和养殖密度,确保动物得到充分的营养和舒适的生长环境。同时,观察肌肉病变,可以及时发现和预防动物疾病,降低养殖风险。

总之,肌性标志和肌沟在牛的运动、生长发育、疾病诊断等方面具有重要意义。了解和研究这些部位的特点和功能,对于提高畜牧养殖效益、保障动物健康具有重要的实际意义。在兽医诊疗和养殖过程中,密切关注肌性标志和肌沟的变化,有助于为动物提供更好的保健和治疗服务,促进畜牧业的可持续发展。

牛骨性、肌性标志认识相关视频讲解见资源1-4。

资源1-4

项目二　运动系统

任务一　骨

运动系统是由骨、骨连结和肌肉三部分构成的复杂系统。骨通过骨连结形成骨骼，为动物提供支架，不仅维持体形、保护脏器，还在支持体重方面发挥关键作用。肌肉附着于骨骼，通过收缩产生各种运动，而骨在此过程中充当杠杆的角色，骨连结则成为运动的枢纽。在实践中，一些突起的骨和肌肉位于机体皮下，可以在体表摸到，常被应用于畜牧兽医领域，用于确定内部器官位置和进行体尺测量。整个系统紧密合作，形成了动物体内协调有序的运动机制。

动物的骨骼系统是一种复杂而精密的器官系统，每块骨头都独具形态和功能。这些骨头主要由坚硬而富有弹性的骨组织构成，内部血管、淋巴管和神经网络丰富。骨骼不仅具备新陈代谢和生长发育的能力，还能够进行改建和再生。骨基质中储存着大量的钙盐和磷酸盐，使其成为动物体内钙、磷的重要储库，同时参与调节体内钙磷代谢的过程。这一复杂而协调的系统为动物提供了坚实的支持和运动功能，并在体内的代谢平衡中发挥着关键的角色。

一、骨的主要成分

骨骼的复杂结构主要由有机质和无机质构成。有机质包括骨胶原纤维束和黏多糖蛋白，赋予骨韧性和弹性；而无机质主要是碱性磷酸钙，使骨坚硬。去除无机质后的脱钙骨保持形状但变得柔软，去除有机质后的煅烧骨保持硬度但易碎。随着年龄增长，骨中有机质和无机质的比例变化，影响骨的特性。幼龄动物的骨具有较大弹性和柔软性，成年动物的骨硬度和弹性相对均衡，而老龄动物的骨较为脆弱。在妊娠期，胎儿吸收母体骨内钙质，缺乏及时的钙补充可导致骨质疏松。为了预防幼龄动物的骨软症，需要注意饲料中钙成分的调配。

二、骨的结构

骨的结构（图2-1）包括骨膜、骨质、骨髓。

（一）骨膜

骨膜是覆盖在骨骼表面的结缔组织膜，其颜色呈现淡粉色，内含丰富的血管和神经。骨膜对骨骼起到保护、营养、再生和感觉等多种重要作用。骨膜分为内外两层，外层结构紧密，其中的胶原纤维束深入骨质，使其牢固附着于骨骼表面。内层相对疏松，含有成骨细胞和破骨细胞，这两种细胞分别具有生成新骨质和破坏旧骨质的功能。在幼年期，这两种细胞非常活跃，直接参与骨骼的生长。然而，在成年后，这些细胞的活动会逐渐减少，处于静止状态。但是，当骨骼受到损伤，如发生骨折时，骨膜会重新启动其功能，参与骨折部位的修复和愈合过程。如果骨膜被过多剥离或受到严重损伤，骨折的愈合过程将变得困难。另外，衬在髓腔内面和松质间隙内的薄膜称为骨内膜，这是一层薄而结实的结缔组织，同样含有成骨细胞和破骨细胞。骨内膜也具有造骨和破骨的功能。

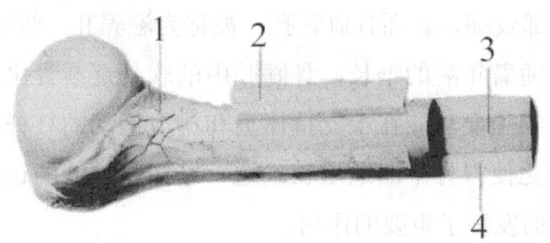

1.血管；2.骨膜；3.骨松质；4.骨密质

图2-1 骨的结构

（二）骨质

骨质是构成骨骼的基本成分，分为骨密质和骨松质。骨密质分布在长骨的骨干和其他类型骨的表面，具有致密的质地和强大的耐压性。相反，骨松质分布在长骨骺和其他类型骨的内部，由许多交织的骨板和骨针组成，形成海绵状结构，其排列方式与骨所承受的压力和张力方向一致。这种分布方式使骨骼既轻便又坚固，适合进行各种运动。骨密质和骨松质的协调工作为骨骼提供了优越的力学性能，使其能够应对不同方向的力量，从而支持身体的结构和运动。

（三）骨髓

骨髓分布于长骨的骨髓腔和骨松质的间隙，胎儿和幼龄动物的骨髓腔中充满红骨髓，是重要的造血器官。然而，随着年龄的增长，红骨髓逐渐被黄骨髓所取代，因此成年动物的骨髓中存在红、黄两种类型。红骨髓负责造血功能，而黄骨髓主要是脂肪组织，具有储存营养的重要作用。这种变化反映了骨髓在生命周期中的功能转变，从支持生长和发育到逐渐演变为储存和调节体内资源的器官。

三、骨的类型

（一）长骨

长骨分布于四肢的游离部，形状呈现圆柱状，两端膨大为骺或骨端，构成关节。骨体中部较细，表面有血管孔，被称为滋养孔。骨髓腔位于骨干中，用于容纳骨髓。随着年龄的增长，骨髓腔中的软骨逐渐骨化，骨体与骺融合形成骺线。长骨的主要功能在于支持体重和构成运动的杠杆，而在幼龄时，骺软骨的不断骨化使得骨不断地增长。这一结构和功能的设计使得长骨在身体运动和支持方面发挥了重要的作用。

（二）扁骨

扁骨呈板状，主要分布在颅腔、胸腔周围和四肢带部等位置。这种结构提供了对重要器官（如脑）的保护，同时也为大量肌肉的附着提供支持。典型的扁骨包括颅骨、肋骨和肩胛骨。扁骨的形态和分布使其在身体结构的支持和保护方面具有重要功能。

（三）短骨

短骨的形态为立方形，主要位于四肢长骨之间，其功能在于支持身体、分散压力和缓冲震动。典型的短骨有腕骨和跗骨。这些骨头的存在增加了身体的稳定性，减少了运动时对关节的冲击，从而对整体运动系统起到了重要的辅助作用。

（四）不规则骨

不规则骨的形状不规则，通常构成机体的中轴，具有支持、保护和为肌肉提供附着点的功能。典型的不规则骨包括椎骨和蝶骨。这些骨头的独特形状使其在构建身体的中轴结构、提供支持和保护内部器官等方面发挥着重要的作用。

四、动物体骨骼的构成

动物的全身骨骼，按其所在部位可分为头骨、躯干骨、前肢骨和后肢骨（图 2-2）。

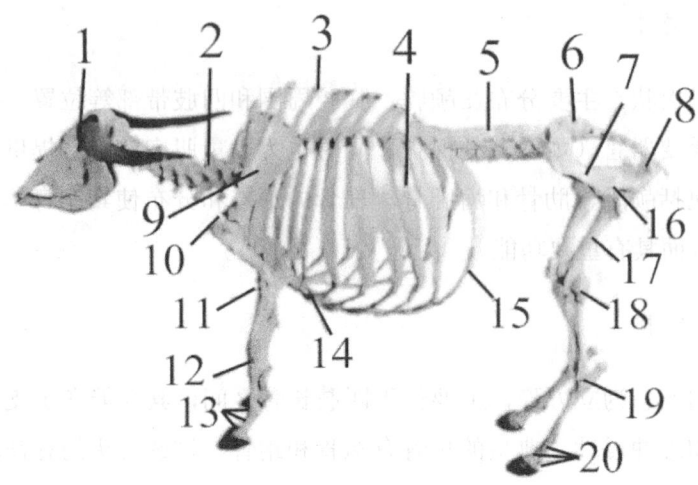

1.颅骨；2.颈椎；3.胸椎；4.肋骨；5.腰椎；6.荐椎；7.髂骨；8.坐骨；9.肩胛骨；10.肩关节；11.肘关节；12.腕关节；13.指关节；14.胸骨；15.肋软骨；16.髋关节；17.股骨；18.膝关节；19.跗关节；20.趾关节

图 2-2　牛骨骼

（一）头骨

头骨分为颅骨和面骨两部分（图 2-3 至图 2-5）。

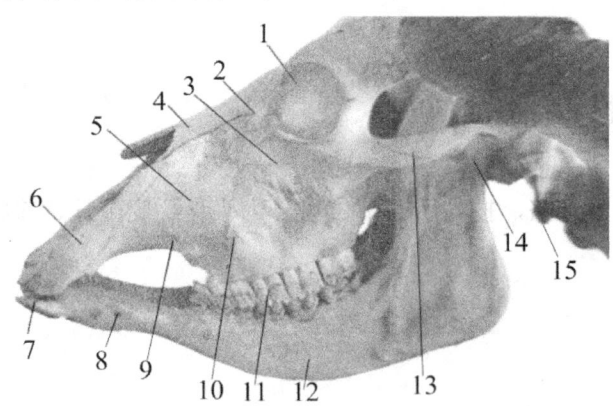

1.眼窝；2.泪骨；3.颧骨；4.鼻骨；5.上颌骨；6.切齿骨；7.门齿；8.颜孔；9.眶下孔；10.面结节；11.臼齿；12.下颌骨；13.颞骨；14.下颌支；15.耳孔

图 2-3　牛头骨侧面观

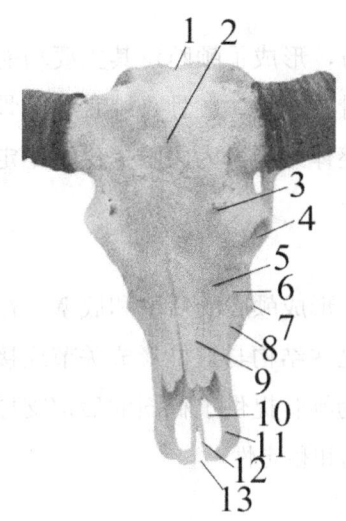

1.顶骨；2.额骨；3.眶上孔；4.眼窝；5.泪骨；6.颧骨；7.面结节；8.上颌骨；9.鼻骨；
10.腭裂；11.切齿骨；12.切齿骨腭裂；13.切齿裂

图 2-4　牛头骨顶面观

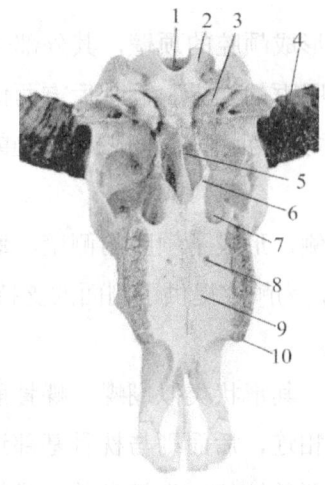

1.枕骨大孔；2.枕髁；3.鼓泡；4.角；5.犁骨；6.翼骨；7.上颌隐窝；8.腭前孔；
9.上颌骨腭突；10.臼齿

图 2-5　牛头骨腹侧观

1.颅骨

颅骨位于头骨后上方，形成了颅腔，其主要功能是容纳和保护脑部。颅骨由枕骨、顶骨、顶间骨、额骨、颞骨、蝶骨和筛骨等多块骨头组成。这些骨头共同构成了头颅的整体结构，为大脑提供了稳定的保护，同时也为头部的运动和功能提供了支持。

（1）枕骨

枕骨位于颅骨后部，形成颅腔的后壁和底壁。在枕骨下方，有一个枕骨大孔，其两侧有枕髁，这些结构与寰椎形成关节连接。枕骨在头部解剖结构中扮演着重要的角色，为颅骨提供了稳固的后部支撑，并与其他骨骼形成了关节，保证了头部的运动和稳定性。

（2）顶骨与顶间骨

顶骨和顶间骨位于枕骨之前，额骨之后，并与枕骨愈合，共同构成了颅腔的后壁。这些骨头的结合形成了头骨的稳定结构，为大脑提供了坚固的保护，并参与了头部的形态和解剖学特征。

（3）额骨

额骨位于鼻骨后方，形成颅腔的顶壁，其外部平整并向外侧突出形成顺突（曾称眶上突），作为眼眶的上界。额骨后方两侧有角突。额骨的结构为头部提供了稳固的支撑，同时为眼眶的形成提供了重要的支持。

（4）颞骨

颞骨位于头骨的后外侧，形成了颅腔的侧壁。颞骨的位置对头部的解剖结构和功能具有重要影响，为颅腔提供了侧面的支持和保护。

（5）蝶骨

蝶骨位于颅腔的底壁，其形状类似蝴蝶。蝶骨前方与筛骨、腭骨、翼骨和犁骨相连，侧面与颞骨相连，后面则与枕骨基部连接。蝶骨的位置和结构在颅部解剖学中占据着重要的地位，为颅骨的组成提供了支撑，同时也保护了重要的神经和血管。

（6）筛骨

筛骨位于颅腔的前壁，位置介于颅腔和鼻腔之间。其位置在头颅解剖学中起到重要的分隔和支撑作用，同时也参与了鼻腔的形成。

2.面骨

面骨位于头骨前下方，构成口腔、鼻腔、咽、喉和舌的支架。包括鼻骨、上颌骨、泪骨、颧骨、切齿骨、腭骨、翼骨、鼻甲骨、犁骨、下颌骨和舌骨等多个骨头。这些骨头的协同作用形成了头颅的前下部分，支持和塑造了面部的形态，同时为呼吸、咀嚼和语言等功能提供了基础结构。

（1）鼻骨

鼻骨位于头骨的前部，构成了鼻腔的顶壁。鼻骨与额骨相连，外侧连接泪骨、上颌骨和切齿骨，前端具有深切迹。鼻骨的结构在头颅的前部起到了支持鼻腔、调整面部形态的作用，同时也与周围的骨头形成了紧密的连接，为头颅的整体解剖结构提供了支持。

（2）上颌骨

上颌骨在头颅解剖学中发挥着重要作用，构成了鼻腔的侧壁、底壁和口腔的顶壁。外侧面宽大，具有一纵嵴，即面结节，前端上方有眶下孔。上颌骨的下缘带有臼齿槽，内外骨板之间形成了发达的上颌窦。这些特征使得上颌骨在支撑面部结构、咀嚼功能和与其他头颅骨头相互关联方面具有重要作用。

（3）下颌骨

下颌骨是面骨中最大的骨头，分为左、右两半。每一半包括骨体和下颌支。下颌骨的结构对于口腔和面部的形态以及咀嚼功能具有重要作用，同时也参与了头颅整体结构的支持。

（4）颧骨

颧骨位于泪骨下方。这一关系在头颅骨骼结构中具有重要的位置，同时也参与了面部形态的塑造。

（5）切齿骨

切齿骨位于上颌骨的前方，牛的切齿骨具有薄而扁平的特点，并且没有切齿齿槽。两侧的切齿骨互相分开。这些特征反映了牛头颅的骨骼结构，为咀嚼和口腔功能提供了支持。

（6）腭骨

腭骨位于骨性口腔的顶壁后方。这一位置的腭骨参与了口腔结构的形成，对咀嚼和发音等功能具有支持作用。

（7）鼻甲骨

鼻甲骨是两对卷曲的薄骨片，位于鼻腔的两侧壁上。分为上下两对，上面的一对称为背鼻甲骨，下面的一对称为腹鼻甲骨。它们的主要功能是支撑鼻黏膜，并且将每侧鼻腔分为上、中、下三个鼻道，有助于空气的流动和加湿，以及对空气的过滤。

3.鼻旁窦

鼻旁窦是头骨内外骨板之间的含气腔体总称，主要包括额窦和上颌窦。这些窦腔与鼻腔直接或间接相通，对于头颅的解剖结构和功能有着重要的影响，同时也参与了呼吸道的生理过程。

（二）躯干骨

躯干骨组成了脊柱、肋骨和胸骨。它们不仅具有支撑头部和传递推动力的作用，还形成了胸腔、腹腔和盆腔的骨架，提供了内脏器官的支持和保护。

1.脊柱

脊柱是由颈椎（C）、胸椎（T）、腰椎（L）、荐椎（S）和尾椎（Cy）等部分组成，这些部分由椎骨借助于软骨、关节和韧带紧密相连，形成了动物体的中轴。各部分的椎骨都有其特定的数量，具体数目可以参考表2-1。

表2-1 部分动物脊柱各部分椎骨

动物	牛	羊	猪	马
颈椎	7	7	7	7
胸椎	13	13	14~15	18
腰椎	6	6~7	6~7	6
荐椎	5	4	4	5
尾椎	18~20	3~24	20~23	14~21

脊柱中央有一条纵行的椎管，其作用是容纳并保护脊髓。椎骨通常由椎体、椎弓和突起等部分组成。这些结构形成了脊柱的基本单元，为支撑身体提供了重要支持，并保护了脊髓及其周围的神经组织。

（1）椎体

椎体位于椎骨的腹侧，具有短圆柱形状。其前面略微凸起，称为椎头，而后面稍微凹陷，称为椎窝。

（2）椎弓

椎弓是椎体背侧的拱形骨板，与椎体之间形成椎孔。所有的椎孔相连构成了椎管，其主要作用是容纳脊髓。椎弓的基部前后各有一对切迹，相邻椎弓的切迹合成了椎间孔，用于血管和神经的通过。

（3）突起

椎骨有三种主要的突起：首先是从椎弓背侧向上方伸出的棘突；其次是从椎弓基部向两侧伸出的横突；最后是椎弓背侧前后缘各伸出一对关节突，与相邻椎骨的关节突形成关节。

椎骨的形态结构在不同部位和执行不同功能的情况下有所差异。颈椎形状不规则，第3～6颈椎相似，第1颈椎呈环形又称寰椎，第2颈椎为枢椎，第7颈椎与胸椎相似。胸椎的棘突发达，第2～6胸椎的棘突最高，构成鬐甲的骨质基础。腰椎的横突发达，构成腹腔顶壁的骨质基础。成年动物的荐椎愈合形成荐骨，构成骨盆腔顶壁的基础，其横突相互愈合形成荐骨翼，翼上有耳状关节面。尾椎腹侧有一血管沟，供尾中动脉通过。这些特征反映了椎骨在身体结构和功能方面的多样性。

2.肋

肋骨左右成对，共同构成了胸廓的侧壁，充当了呼吸运动的杠杆。每根肋骨由肋骨和肋软骨两部分组成，这些结构的协同作用有助于维持胸廓的稳定性，并在呼吸过程中提供支持。肋骨的结构对于呼吸功能和身体的整体稳定性都具有重要意义。

（1）肋骨

肋骨位于背侧，靠近椎骨端有肋骨小头，与相邻的两个胸椎的椎体连接构成关节；肋骨小头的后上方有肋结节，与胸椎的横突构成关节。肋骨的腹侧端连接肋软骨。在肋骨的后缘有一条沟，用于供血管通过。

（2）肋软骨

肋软骨位于肋的腹侧，具有透明软骨的特点。前几对肋的肋软骨直接与胸骨相连，被称为胸骨肋或真肋；后几对肋的肋软骨通过结缔组织连接形成肋弓，这种肋被称为弓肋或假肋。在一些动物中，肋软骨的末端可以自由移动,被称为浮肋。牛、羊等动物有 13 对肋,其中真肋有 8 对,假肋有 5 对。肋骨之间的间隙被称为肋间隙。

3.胸骨

胸骨位于腹侧,形成了胸廓的底壁,由 6～8 块胸骨片通过软骨连接而成,整体呈上下压扁的船形。胸骨分为胸骨柄、胸骨体和剑状软骨三部分,这些部分的结合构成了胸骨的整体结构。胸骨的形态和组成对于支持和保护内脏器官以及维持胸廓的形状具有重要作用。

4.胸廓

胸廓包括胸椎、肋和胸骨,其主要功能是保护胸腔内的器官。前口较窄,由第 1 胸椎、第 1 对肋和胸骨柄所围成;后口较宽大,由最后胸椎、最后 1 对肋、肋弓和剑状软骨构成。这种结构的变化使得胸廓具有前窄后宽的形状,适应了内部器官的不同位置和功能,提供了有效的保护和支持。

(三)前肢骨

前肢骨包括肩胛骨、臂骨、前臂骨、腕骨、掌骨、指骨和籽骨。这些骨骼构成了动物前肢的整体结构,协同工作以支持和执行各种运动和功能。肩胛骨连接到躯干,而其他骨骼组成了上肢的骨架,使动物能够完成复杂的运动和活动。

1.肩胛骨

肩胛骨是一块三角形扁骨,倾斜地位于胸廓的前上部,从后上方斜向前下方。其背缘附有肩胛软骨,外侧面有一条纵向的隆起,称为肩胛冈,底部有肩峰,前上方是冈上窝,后下方是冈下窝。肩胛骨的远端较粗大,有一浅关节窝,称为肩臼,与臂骨头构成关节。肩胛骨的肋骨面有一个凹陷部位,称为肩胛下窝。这些特征形成了肩胛骨的结构,对于上肢的运动和肌肉附着具有重要作用。

2.臂骨

臂骨又被称为肱骨,是一根长骨,倾斜地位于胸部前下部,方向为前上方斜向后下方。近端较粗大,外侧隆起形成大结节,有臂二头肌沟,前方是臂骨头与肩臼构成关节。远端有深的肘窝,也称为鹰嘴窝。这些特征使得臂骨适合承受上肢的运动和提供肌肉附着的支持。

3.前臂骨

前臂骨是由桡骨和尺骨组成的长骨，近端与臂骨形成关节，远端与近邻腕骨构成关节。尺骨位于后外侧，近端特别发达，向后上方突出形成肘突，也被称为鹰嘴。桡骨和尺骨之间的间隙被称为前臂骨间隙，在成年牛中，尺骨骨干与桡骨愈合，形成近、远两个前臂骨间隙。这种结构有助于支持前肢的复杂运动和提供肌肉附着点。

4.腕骨

腕骨位于前臂骨和掌骨之间，呈上、下两列的排列。这种结构在连接前臂和手掌的骨骼系统中起着支持和协调的作用。

5.掌骨

掌骨是一种长骨，它的近端连接腕骨，远端连接指骨。在牛的情况下，共有三块掌骨，其中第3和第4掌骨比较发达，近端两者愈合成为大掌骨，其骨干短而宽。这个大掌骨的近端有关节面，与远端腕骨形成关节，为牛的腿部结构提供了支持和运动功能。

6.指骨和籽骨

牛的脚部结构包括四个指，其中第3和第4指发达，被称为主指。每个指分为系骨、冠骨和蹄骨三节，系骨呈圆柱状，冠骨形状相似但较短，蹄骨近似三棱锥状，蹄尖向前并弯向轴侧。此外，每个指还有一对近籽骨和一块远籽骨。这种结构提供了支撑和稳定性，适应了牛的特定移动和负重需求。

（四）后肢骨

后肢骨包括多个骨骼部分，其中包括髋骨、股骨、膝盖骨、小腿骨、跗骨、跖骨、趾骨和籽骨。这些骨骼协同工作，支撑和促使牛的后肢进行各种运动，同时提供了稳定性和支持。不同的骨骼部分在形状和功能上有所差异，适应了特定的生理需求。

1.髋骨

髋骨是牛体内最大的扁骨，由髂骨、坐骨和耻骨组成。这三者在连接处形成深的杯状关节窝，被称为髋臼，与股骨头形成关节。这个关节的结构和功能在支撑和促进后肢的运动中起到了关键的作用。

（1）髂骨

髂骨位于髋骨前上方，具有三个主要部分：髂骨翼，髂骨体和髂骨结节。髂骨翼呈三角形，外侧有髋结节，内侧有荐结节。翼的外侧面是臀肌面，内侧面是骨盆面。骨盆面上有粗糙的耳状面，与荐骨翼的耳状面形成关节。整体结构在维持骨盆和支持上半身的稳定性方面发挥着重要作用。

（2）坐骨

坐骨位于骨盆底壁后部，其主要特征包括后外侧的坐骨结节和形成弓状的坐骨弓。坐骨与耻骨形成闭孔，而两侧的坐骨弓相互接触形成骨盆联合的后部。坐骨还参与了髋部的形成。

（3）耻骨

耻骨位于骨盆底前下方，作为骨盆的一部分，其相对较小的结构构成了骨盆底的前部，并形成了闭孔的前缘。骨盆是由左右髋骨、荐骨、前3～4个尾椎以及两侧的荐结节阔韧带构成的，呈一前宽后窄的圆锥形腔。前口由荐骨岬、髂骨和耻骨界定，后口由尾椎背侧、坐骨腹侧以及荐结节阔韧带的后缘组成。

2.股骨

股骨的近端内侧具有球形股骨头，其上有特定的头凹，用于连接圆韧带。在外侧，股骨呈现粗大的大转子。骨干为相对细长的圆柱形，而远端则表现为较为粗大，前方形成滑车，后方则有内、外侧髁，形成关节结构。

3.膝盖骨

膝盖骨，亦称髌骨，是一种大型的籽骨，位于股骨远端的前方，与滑车关节面相连构成关节结构。

4.小腿骨

小腿骨由胫骨和腓骨组成，其中胫骨近端形成内、外踝与股骨关节，远端与胫跗骨形成关节。腓骨位于胫骨外侧，两者之间形成小腿骨间隙。在牛的情况中，腓骨近端与胫骨愈合，形成小突起，远端则与胫骨远端外侧构成关节，其中还有一小的踝骨。

5.跗骨

跗骨位于小腿骨和跖骨之间，在牛中呈现为5块3列的结构。近列有两块骨，内侧是距骨，外侧是跟骨，中列是中央跗骨，远列的第 2 和第 3 跗骨愈合，而第 1 跗骨则很小。

6.跖骨

跖骨是牛蹄的组成部分，包括大跖骨（第 3 和第 4 跖骨）和第 2 跖骨。大跖骨相对前肢的大掌骨更为细长，而第 2 跖骨则为一个小而退化的骨块，呈小盘状，连接在大跖骨的后内侧。

7.趾骨和籽骨

在牛的蹄部解剖结构中，趾骨和籽骨起着重要的作用，它们分别与前肢相应的指骨和籽骨相对应。

骨相关视频讲解见资源 2-1。

资源 2-1

头骨＋躯干骨相关视频讲解见资源 2-2。

资源 2-2

前肢骨＋后肢骨相关视频讲解见资源 2-3。

资源 2-3

任务二　骨连结

一、骨连结的类型

（一）纤维连结

纤维连结是一种将两骨通过纤维结缔组织连接的骨骼结构，具有固定性，但不具备活动性。例如，头骨之间的连接和桡骨与尺骨通过韧带相互联合都是纤维连结的典型例子。

（二）软骨连结

软骨连结是指两个骨头通过纤维软骨直接相连的一种骨骼连接方式。这种连接方式具有一定的活动性，使得骨头之间能够在一定范围内进行小幅度运动。

（三）滑膜连结

滑膜连结，也称关节，是生物体骨骼系统中一种常见的连接方式。它通过形成关节腔，使得相邻的骨头能够在一定范围内自由运动，为生物体提供了灵活性和可动性。无论是行走、跑跳还是其他活动，都离不开滑膜连结的作用，它为生物体的各种运动提供了基础支持。

二、关节的结构

（一）关节面

关节面，是指两个相邻骨骼上接触的平坦表面，它是关节运动的关键部位。这些平坦表面通常被覆盖着光滑的软骨，有助于减少摩擦和磨损。在生物体的运动过程中，关节面发挥着至关重要的作用，它们通过特定的结构和形状，确保骨头之间的相对滑动顺畅而稳定。这种设计不仅使得运动更加灵活,同时也保护了骨头和关节的结构,为生物体提供了坚固而高效的运动支持。因此,关节面的良好状态对于维持生物体正常运动功能至关重要。

（二）关节囊

关节囊是围绕关节的结缔组织囊,封闭关节腔。其囊壁分为内、外两层。外层是坚韧的纤维层,由致密结缔组织构成,提供保护作用；内层则是滑膜层,由疏松结缔组织构成,能分泌透明且黏稠的滑液,滋养软骨并润滑关节。

（三）关节腔

关节腔是由滑膜和关节软骨共同构成的密闭腔隙,其中含有滑液。关节腔的形状和大小因关节的不同而有所差异。

（四）关节的辅助结构

关节的辅助结构是为了适应关节的机能而形成的一些构造。这些构造主要包括韧带和关节盘,它们的作用是增强关节的稳定性和灵活性,并减少关节运动时的摩擦和冲击。

1.韧带

韧带是多数关节中存在的致密结缔组织,位于关节囊周围和关节囊内。其主要功能是增强关节的稳定性,防止关节脱位和过度运动。

2.关节盘

关节盘是连接两个关节的纤维软骨板,主要作用是增强关节的稳定性,减少关节面的摩擦,同时也能起到缓冲震动的作用。

三、全身骨连结

（一）躯干连结

1.脊柱连结

椎骨之间的连结构成了脊柱。为了使头部能够灵活运动,脊柱的前端形成了寰枕关节和寰枢关节。寰枕关节是由寰椎的关节窝与枕髁形成的，它是一个双轴关节，能够进行屈、伸运动以及小范围的侧向运动。而寰枢关节则是由寰椎的鞍状关节面与枢椎的齿突构成的，它能够沿着枢椎的纵轴进行旋转运动。

2.胸廓的连结

胸廓的连接结构包括肋椎关节和肋胸关节。肋椎关节是肋骨与胸椎之间的连接点，包括肋骨小头与肋凹形成的关节以及肋结节与横突形成的关节。肋胸关节则是胸骨肋的肋软骨与胸骨两侧的肋窝形成的关节。此外，牛的第 2 至第 11 根肋骨与肋软骨之间还存在着一个关节，并且这个关节还附带了关节囊。

（二）头骨连结

头骨的大部分是固定的连接，主要通过缝隙连接进行连接。只有颞下颌关节具有活动性，能够进行开口、闭口和侧向运动。颞下颌关节由颞骨的颞髁和下颌髁组成。

（三）前肢关节

肩胛骨与躯干之间没有关节结构，而是通过肩带肌肉进行连接。其他骨骼之间均形成了关节。

1.肩关节

肩关节是一个多轴性关节，由肩胛骨的远端部分（肩臼）和臂骨的头部共同构成。这个关节的顶部是向前突出的，这有助于关节的稳定性和灵活性。关节囊相对较宽松，没有侧面的韧带来限制其运动。尽管如此，肩关节的主要运动形式是屈曲和伸展，这主要是由于两侧肌肉的牵拉作用。

2.肘关节

肘关节是一个单轴关节，由上臂骨和前臂骨的关节面组成，其关节角指向后方。该关节有囊和内外侧韧带，只能进行屈伸运动。

3.腕关节

腕关节是一个单轴关节，由桡骨远端、腕骨和掌骨近端组成。关节角顶向前，具有多个韧带，只能进行屈伸运动。

4.指关节

在正常的站立状态下，指关节展现出两种主要的状态，即背屈和过度伸展。这些状态由三个关节，即系关节、冠关节和蹄关节共同作用产生。

（1）系关节

系关节也被称为球节，是一个由掌骨的远端、系骨的近端以及一对近籽骨构成的特殊关节。这个关节的角度是向前的。在手掌侧，除了强大的屈肌腱外，还有悬韧带和籽骨下韧带等结构，这些结构可以有效地缓冲来自地面的冲击，同时也能固定系关节，防止其过度背屈。

（2）冠关节

冠关节是由系骨的远端和冠骨的近端形成的关节面组成。它的角度也是向前的，同样配有相关的关节囊和韧带以保持稳定。

（3）蹄关节

蹄关节由系骨的远端、蹄骨的近端以及远籽骨组成。它的角度同样向前，并且也有相关的关节囊和韧带来维持其稳定性。

（四）后肢关节

后肢在生物体的运动中扮演着关键角色，通过髋骨和荐骨的结合，成功将后肢肌肉的推动力传递到前肢，为身体的前进提供了主要动力。在后肢的游离部分，包含髋关节、膝关节、跗关节和趾关节，它们与前肢相应的关节连接，形成了协调的运动系统。尽管趾关节运动方向相反，但整体上，这种结构保证了生物体在运动中的平衡和协调，使得身体能够有效地推进和移动。

1.荐髂关节

荐髂关节由荐骨翼与髂骨的耳状面组成，是成年动物的不动关节，承担着支撑后躯体重和传递后肢向前的动力的功能。荐骨和髋骨之间有发达的荐结节阔韧带，有助于增加关节的稳定性。

2.髋关节

髋关节是一个由髋臼和股骨头构成的多轴关节，具有向后顶的关节角。该关节周围有强韧的肌肉和韧带，其中最重要的是股骨头韧带（也称为圆韧带），它为股骨头提供了重要的支撑。由于这些肌肉和韧带的存在，髋关节主要进行屈伸运动，以适应各种身体动作和姿势。

3.膝关节

膝关节是一个复杂的单轴复关节，由股骨、膝盖骨和胫骨构成。关节囊的外侧有股膝内、外侧韧带，这些韧带将股骨与膝盖骨紧密连接在一起。此外，膝内侧韧带、膝中间韧带和膝外侧韧带则将膝盖骨与胫骨相连，以保持关节的稳定。膝关节的主要运动是伸屈，允许腿部在站立、行走和跳跃时进行有效的动作。

4.跗关节

跗关节也被称为飞节，是一个由胫骨、跗骨和跖骨构成的单一轴向复关节。它包括胫距关节、两个跗间关节和跗跖关节，其中胫距关节的屈伸范围最大。跗关节只能进行伸屈运动，不能进行其他类型的运动。

5.趾关节

趾关节，类似于前肢的指关节，是生物体的关节结构之一。这些关节位于足部，负责连接趾部的骨骼，使得趾部能够灵活运动。与前肢的指关节相似，趾关节允许生物体在行走、奔跑和其他足部活动中实现更精细的控制和适应性。

任务三 动物体全身骨骼、肌肉的位置与识别

一、肌肉的结构

肌肉是由许多不同的组织组成的复杂器官，主要部分是骨骼肌纤维。此外，肌肉中还包含结缔组织、血管、淋巴管和神经。这些组织共同协作，使肌肉能够进行收缩和放松，从而驱动身体的运动。

在肌肉的表面，有一层结缔组织形成的肌外膜，它包裹着整块肌肉，并为其提供保护和支持。肌外膜向内伸入，将肌纤维分成大小不同的肌束，这些肌束被另一层结缔组织，即肌束膜所包围。肌束膜深入到肌纤维之间，为每一条肌纤维提供额外的支持和保护。

在肌肉中，还有血管、淋巴管和神经分布在其中，它们负责供应肌肉所

需的血液、营养和神经信号，从而保证肌肉的正常功能。

每块肌肉都可以分为肌腹和肌腱两部分。肌腱是由致密的结缔组织构成，它不能收缩，但具有很强的韧性和抗张力。肌肉通过肌腱牢固地附着在骨骼上，从而能够驱动骨骼的运动。

二、肌肉的形态

肌肉的形态因其位置和功能的不同而有所差异。

（一）板状肌

板状肌是一种呈薄板状的肌肉，主要分布在生命体的腹壁和肩带部。这些肌肉的形状和大小各异，有的呈扇形，例如背阔肌；有的呈锯齿形，例如下锯肌；还有的呈带形，例如臂头肌。此外，板状肌还可以延伸为腱膜，以增加肌肉的附着面积和牢固性。

（二）多裂肌

多裂肌是一种肌肉组织，主要分布在脊柱的椎骨之间，由许多短肌束组成。这些肌束包括背最长肌和背髂肋肌等。在脊柱运动中，多裂肌能够协助维持脊柱的稳定性和控制脊柱的运动。同时，多裂肌还能协助脊柱的屈曲和伸展，使生物体能够进行各种复杂的动作。

（三）纺锤形肌

纺锤形肌是分布在四肢的一种肌肉结构，其主要特征在于中间部分的膨大，由肌纤维构成，称为肌腹。两端则呈腱质结构，上端形成肌头，下端为肌尾。这种结构使得纺锤形肌在肌肉收缩和运动方面具有良好的适应性和功能性。

（四）环形肌

环形肌广泛分布于自然孔周围，例如口轮匝肌，其独特之处在于肌纤维环绕自然孔排列，形成括约肌，能够在收缩时关闭自然孔。此外，还有多种其他肌肉形态，包括臂三头肌、股四头肌，它们具有不同数量的肌头和肌尾。还有二腹肌，其由一中间腱分为两个肌腹，以及带有腱划的腹直肌，由肌纤维和腱纤维交错构成。这些多样的肌肉结构为生物体提供了丰富的运动适应性和功能性。

三、肌肉的辅助器官

（一）筋膜

1.浅筋膜

浅筋膜作为位于皮下的组织，由疏松结缔组织组成，内含丰富的脂肪、血管、神经和皮肌。它不仅联系着深部组织，还承担了多种功能，包括保护身体内部结构、储存脂肪以及参与体温调节等。这种结构的多功能性使得浅筋膜在支持和维护生物体的正常生理状态中发挥着重要的作用。

2.深筋膜

深筋膜位于浅筋膜深层，是一种坚固的致密结缔组织膜，紧密贴附于肌肉表面，形成了包围群肌的筋膜鞘。其功能多样，可以深入肌肉之间形成间隔，或构成环状韧带以牢固固定肌腱。在牛腹部，深筋膜富含弹性纤维，呈黄色，被称为腹黄膜。这种深筋膜的结构和性质使其在提供肌肉支持、维护结构稳定性以及弹性特性等方面发挥重要作用。

（二）黏液囊和腱鞘

1.黏液囊

黏液囊是一种封闭的结缔组织囊，通常位于肌腱与骨骼之间。在运动过程中，它可以减少肌腱的磨损，从而保护肌腱不受损伤。

2.腱鞘

腱鞘通常位于关节附近，它是由黏液囊卷裹在肌腱外部形成的结构。腱鞘的外层是纤维层，而内层则是滑膜层。滑膜层可以分泌滑液，这种滑液能够润滑肌腱，减少肌腱在运动时的摩擦。

四、肌肉的分布与作用

（一）皮肌

浅筋膜中的皮肌大部分与皮肤深面紧密相连，并非全身分布。皮肌主要分为面皮肌、颈皮肌、肩臂皮肌和躯干皮肌。其主要功能是颤动皮肤，帮助驱赶蚊蝇、抖掉灰尘和水滴等。

（二）头部的主要肌肉

1.面部肌

面部肌肉是分布在口腔和鼻孔周围的肌肉组织，主要分为两类，一类是负责开张自然孔的开张肌，另一类是负责关闭自然孔的括约肌。

2.咀嚼肌

咬肌和颞肌是咀嚼肌的主要组成部分，它们分别位于下颌支外部和颞窝内。这些肌肉的主要功能是提升下颌，使口腔闭合。

（三）躯干的主要肌肉

躯干的主要肌肉包括脊柱肌、颈腹侧肌、胸壁肌和腹壁肌。

1.脊柱肌

脊柱肌是控制脊柱运动的肌肉，它包括背侧肌和腹侧肌两个部分。

（1）脊柱背侧肌

脊柱背侧肌很发达，尤其是颈部。

胸腰最长肌，也被称为背最长肌，位于躯干的核心位置，深藏在胸椎、腰椎的棘突和肋骨椎骨端的凹陷中。这块肌肉的形状呈三棱形，是躯干部最大的肌肉。它的主要功能是帮助伸展和弯曲背部。当两侧的胸腰最长肌同时收缩时，它们能够产生强大的力量，帮助伸展腰部和背部。此外，一侧的胸腰最长肌收缩可以使脊柱向一侧弯曲。

髂肋肌也被称为背髂肋肌，它的位置处于背部最长肌肉的腹外侧。其主要功能是产生向后的力量,以拉动肋骨,从而在呼气过程中起到辅助作用。

(2)脊柱腹侧肌

脊柱腹侧肌也称为腰肌,位于腰椎的腹侧和椎体两侧。其主要功能是弯曲腰部。

2.颈腹侧肌

颈腹侧肌主要有胸头肌、胸骨甲状舌骨肌。

(1)胸头肌

胸头肌位于颈部的下方外侧,形成颈静脉沟的下缘。其分为浅、深两部分,且主要朝前延伸。

(2)胸骨甲状舌骨肌

胸骨甲状舌骨肌位于气管的侧面,呈现为扁平的带状结构。其主要功能是向后拉动喉部和舌骨,以协助完成吞咽动作。

3.胸壁肌

胸壁肌是分布于胸腔侧壁的肌肉,它们形成胸腔的后壁,并参与呼吸运动。由于这些肌肉在呼吸过程中起着重要作用,因此也被称为呼吸肌。

(1)肋间外肌

肋间外肌位于肋骨间隙的表层,主要功能是向前外方拉动肋骨,使胸腔得以扩张,从而帮助吸气。

(2)肋间内肌

肋间内肌位于肋间外肌的深部,其主要功能是向后方拉动肋骨,使胸腔的体积减小。这种动作有助于呼气。

(3)膈肌

膈肌是一个巨大的圆形板状肌肉,用于分隔胸腔和腹腔。当膈肌舒张时,它像一个圆顶一样凸向胸腔,从而使胸腔变得更小,并促使呼气。相反,当膈肌收缩时,胸腔会变大,引起吸气。膈肌上有三个裂孔:主动脉裂孔位于左、右膈脚之间;食管裂孔位于右膈脚的中部;腔静脉裂孔则位于中心腱上,稍微偏中线右侧。

4.腹壁肌

腹壁肌组成了腹腔的侧壁和底壁,这些肌肉由四层不同方向的纤维板状肌构成。

（1）腹外斜肌腹

腹外斜肌起于腹部的外侧，连接着肋骨的外侧部分，它的肌肉纤维是由前上方倾斜延伸至后下方，最终连接到腹部的中线，即腹白线。

（2）腹内斜肌

腹内斜肌位于腹外斜肌的深层，起始于髋结节，终止于腹白线。在牛的腹内斜肌中，肌纤维从后上方斜向前下方，最终止于最后肋骨。

（3）腹直肌

胸骨是腹直肌的起点，而腹直肌在耻骨前缘终止。在牛的腹直肌肌腹上，可以观察到明显的腱划。

（4）腹横肌

腹横肌是位于腹壁深层的肌肉，起始于腰椎横突和弓肋，肌纤维呈垂直方向，以腱膜形式终止于腹白线。

腹股沟管是位于腹股沟部位的结构，由腹外斜肌和腹内斜肌围成，形状为楔形缝隙。它有两个口，一个通向皮下，称为腹股沟管皮下环或外环；另一个通向腹腔，称为腹股沟管腹环或内环。在雄性动物中，精索和血管、神经通过这个结构；而在雌性动物中，只有血管和神经通过这个结构。

（四）前肢的主要肌肉

肩带肌、肩部肌、臂部肌、前臂和前脚部肌这四部分共同构成了前肢肌肉。这些肌肉在结构上各具特点，共同为生物的前肢运动提供动力。

1.肩带肌

肩带肌是连接躯干与前肢的肌肉，其形状大多为板状。这些肌肉可以分为背侧组和腹侧组。背侧组包括斜方肌、菱形肌、背阔肌、臂头肌和肩胛横突肌等肌肉。腹侧组则包括胸肌和下锯肌等肌肉。这些肌肉在功能上有着不同的作用，对于动物的正常活动至关重要。

（1）斜方肌

斜方肌是位于颈部和上背部的三角形肌肉，起始于项韧带和棘上韧带，终止于肩胛冈。其分为颈部分和胸部分，主要功能是提举、摆动和固定肩胛骨。

（2）菱形肌

菱形肌起始于背部中央，终止于肩胛骨内侧，其主要功能类似于斜方肌，用于稳定和移动肩胛骨。

（3）背阔肌

背阔肌位于胸侧壁的上部，呈现出一个三角形的大板状形态。其主要功能是发挥向后方及上方牵引前肢的力量。

（4）臂头肌

臂头肌是一条带状的肌肉，位于颈部侧面的浅层，形成了颈静脉沟的上边界。其主要功能是拉动前肢向前移动。

（5）肩胛横突肌

牛和羊特有的肌肉，前部位于臂头肌的深层，后部位于颈斜方肌和臂头肌之间。

（6）胸浅肌

胸浅肌位于身体表面，起着内收前肢和后退前肢的关键作用。

（7）胸深肌

胸深肌位于胸浅肌深层，在牛的身体结构中具有显著发达的特点，主要用于内收和摆动前肢。

（8）下锯肌

下锯肌位于颈、胸部的外侧，在牛的身体中，颈下锯肌表现出显著的发达特点。它起源于后5~6个颈椎的横突和前三个肋骨，具有负担体重和对肩胛骨进行向前和向后牵引的功能。

2.肩部肌

肩部肌分布于肩胛骨的外侧和内侧，起始于肩胛骨，终止于上臂骨。

（1）冈上肌

冈上肌位于冈上窝，由肌质构成。起自冈上窝和肩胛软骨，作用为促进肩关节的伸展以及稳定肩关节。

（2）冈下肌

冈下肌是位于冈下窝中的一块肌肉，起源于冈下窝及肩胛骨的软骨部分，一直延伸到手臂外侧的结节处。它的主要功能是帮助外展肩关节，同时还能起到固定肩关节的作用。

（3）肩胛下肌

肩胛下肌处于肩胛骨的内侧，其主要功能是协助肩关节进行内收动作，并起到稳定肩关节的作用。

（4）大圆肌

大圆肌是肩部的一个主要肌肉，它位于肩胛下肌的下方，形状为带状。其主要功能是屈肩关节。

3.臂部肌

臂部肌主要分布在臂骨周围，主要功能是影响肘关节的活动，同时也对肩关节具有一定的作用。

（1）臂三头肌

位于肩胛骨与臂骨之间，形成三角形，是前肢最大的肌肉之一。其主要功能是帮助伸展肘关节。

（2）前臂筋膜张肌

前臂筋膜张肌位于臂三头肌的后缘和内面，主要功能是帮助伸展肘关节。

（3）臂二头肌

臂二头肌位于前臂骨前方，呈纺锤形，由多条肌纤维组成。其主要功能是屈肘关节。

4.前臂及前脚部肌

前臂和前脚部的肌肉主要负责控制腕关节和指关节的运动。

（1）腕桡侧伸肌

腕桡侧伸肌是前臂部位最大的肌肉，位于桡骨背侧面。它的主要功能是使腕关节保持伸展状态。

（2）指总伸肌

指总伸肌位于手指内侧伸肌与外侧肌之间，虽然较小，但其功能却不可忽视。主要作用是实现指关节、腕关节和屈肘关节的伸展。

（3）指内侧伸肌

指内侧伸肌又被称为第三指固有伸肌，位于腕桡侧伸肌与指总伸肌之间。其主要功能在于实现第三指的伸展。

（4）指外侧伸肌

指外侧伸肌位于前臂外侧，在指总伸肌后方，被称为第四指固有伸肌。其主要功能是实现指关节和腕关节的伸展。在牛的身体结构中，指外侧伸肌还承担着外展第四指的功能。

（5）腕外侧屈肌

腕外侧屈肌，也被称为腕尺侧伸肌，其主要功能是使腕关节弯曲。

（6）腕尺侧屈肌

腕尺侧屈肌是前臂内侧后部的一块肌肉，主要作用是屈腕和伸肘。

（7）腕桡侧屈肌

腕桡侧屈肌位于腕尺侧屈肌前方，起源于臂骨远端内侧，止于第三掌骨近端内侧。这一肌肉的主要功能是屈腕关节和伸肘关节。

（8）指浅屈肌

指浅屈肌位于前臂的后方，起始于臂骨的远端内侧。该肌肉的肌腹分为浅层和深层，分别连接内侧和外侧指的冠骨后侧。其主要功能是在运动过程中屈曲指关节和腕关节。此外，在站立时，浅屈肌能够维持肘部以下各关节的角度，并帮助支撑体重。

（9）指深屈肌

指深屈肌的肌腱在系关节上方被分为两支，这两支肌腱分别穿过由指浅屈肌腱形成的腱环，最终附着在内、外指的蹄骨掌侧面后缘。指深屈肌的功能与指浅屈肌相似，共同协作以实现手指的屈曲动作。

（五）后肢的主要肌肉

后肢肌肉强壮于前肢，包括臀部肌肉、股部肌肉、小腿和后脚部肌肉。

1.臀部肌肉

臀部肌肉位于髋骨的外部和内部。髋骨外部的肌肉群称为臀肌群，而内部的肌肉群则称为髂腰肌。

2.股部肌肉

（1）臀股二头肌

臀股二头肌是位于股后外侧的一块长而宽大的肌肉，其前部和后部分别以腱膜止于膝盖骨、胫骨嵴和跟结节。在牛的活动中，臀股二头肌的主要作用是伸髋关节、膝关节和跗关节，以便在踢踢和站立时能够充分伸展后肢。此外，在提举后肢时，臀股二头肌也可以起到屈膝关节的作用。

（2）半腱肌

半腱肌是一块长度较大的肌肉，位于股二头肌的后外侧。它的功能与股二头肌相似，可以协助弯曲膝盖和伸展大腿。

（3）半膜肌

半膜肌呈三棱形，位于股后内侧，主要功能是伸展髋关节和内收后肢。

（4）阔筋膜张肌

阔筋膜张肌位于大腿前外侧浅层，起自髋结节，止于膝盖骨外侧。

（5）股四头肌

股四头肌是位于大腿前侧和外侧的肌肉群，主要负责膝关节的伸展动作。

（6）股薄肌

股薄肌位于股骨内侧皮下，具有薄而宽的结构，其主要功能是内收后肢。

3.小腿和后脚部肌肉

（1）背外侧肌群

背外侧肌群中第3腓骨肌最为发达，呈现纺锤形，位于小腿背侧面的浅层。其主要功能是弯曲跗关节。

（2）趾内侧伸肌

趾内侧伸肌，也被称为第3趾固有伸肌，位于第3腓骨肌的深层位置和趾长伸肌的前面。它的主要功能是负责第3趾的伸展运动。

（3）趾长伸肌

趾长伸肌位于趾内侧伸肌的后方，主要作用是伸展趾关节和弯曲跗关节。

（4）腓骨长肌

腓骨长肌是小腿背外侧面的一块肌肉，位于趾长伸肌的后方。它的主要功能是屈跗和伸趾关节。

（5）趾外侧伸肌

趾外侧伸肌又称为第4趾固有伸肌，位于小腿外侧，腓骨长肌的后方。其主要功能是使第4趾进行伸展动作。

（6）腓肠肌

腓肠肌是位于小腿后部的一块纺锤形肌肉。

（7）趾浅屈肌

趾浅屈肌位于腓肠肌内外侧之间，主要功能是弯曲趾关节，同时也有助于弯曲膝关节和伸展跗关节。

（8）趾深屈肌

趾深屈肌的作用是屈趾关节和伸跗关节。

项目三 被皮系统

任务一 皮肤

一、皮肤的构造

皮肤是身体的重要保护层，它覆盖在身体的表面，与身体的天然孔洞周围的膜相连。不同种类的家畜、不同品种、不同年龄、不同性别以及身体的不同部位，其皮肤的厚度都有所不同。例如，牛的皮肤通常较厚，而羊的皮肤则相对较薄。老年家畜的皮肤比幼畜的厚，公畜的皮肤比母畜的厚。在同一只家畜体内，四肢外侧的皮肤比腹部和四肢内侧的皮肤厚，而马尾、牛颈垂和猪颈腹侧部位的皮肤最为厚实。尽管皮肤的厚度有所不同，但其结构大致相似，都由表皮、真皮和皮下组织构成（图3-1）。

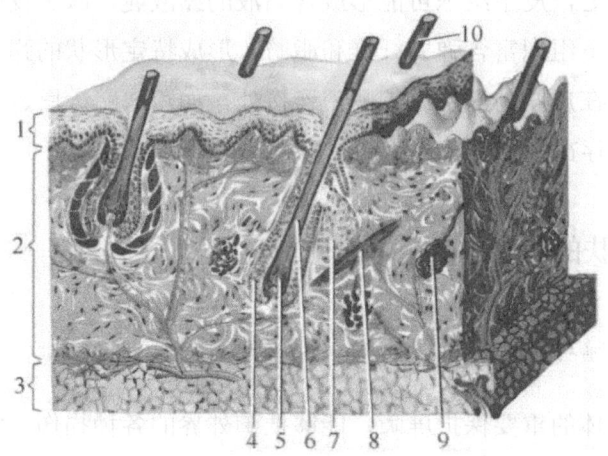

1.表皮；2.真皮；3.皮下组织；4.毛囊；5.毛球；6.毛根；7.皮脂腺；8.竖毛肌；9.汗腺；10.毛干

图3-1 皮肤构造模式

（一）表皮

皮肤最外层为表皮，由角化的复层扁平上皮组成。表皮无血管、淋巴管，但富含神经末梢，从真皮获取营养。表皮厚度因部位而异，受力和摩擦影响大。常受摩擦、压力的部位表皮较厚，角化程度高。绵羊皮肤表皮较其他家畜薄。

（二）真皮

在皮肤的最深层，存在着真皮层。它厚实且富有弹性，为结缔组织所构成，提供了表皮稳固的支撑。在医疗实践中，皮内注射就是将药物直接注射到真皮层内。而皮革，就是由真皮经过鞣制加工而成的。

（三）皮下组织

皮肤的最内层是皮下组织，它与深部的肌肉或骨膜相连，使皮肤具有一定的灵活性。皮下组织内含有丰富的毛细血管，具有一定的吸收能力。在动物营养状况良好的情况下，皮下组织内含有大量的脂肪细胞，形成了脂肪组织。例如，猪的皮下组织形成了一层很厚的脂肪膜。脂肪是一个不良的热导体，既可以作为能量的储存库，还具有绝热和保温作用，并可以缓冲外界的压力。

皮下组织厚度各异，有的丰富有的稀少。发达处皮肤灵活，易松弛形成褶皱。骨突起处，皮下组织可能形成含黏液的黏液囊，减少皮肤活动摩擦。部分区域，皮下组织富含弹力纤维和脂肪，形成特定形状的弹力结构，如指（趾）枕。而在皮肤与深层组织紧密连接处，如角、蹄、唇、鼻等，皮下组织则稀少或不存在。

二、皮肤的机能

（一）屏障功能

皮肤是机体的重要保护屏障，能够抵御外界的各种损伤。它能够有效地防止细菌等微生物的入侵，保护机体免受感染。此外，皮肤还能阻止营养物质、电解质和水分的流失，维持机体的正常生理功能。

（二）感觉功能

皮肤内部布满了神经，这些神经控制着皮肤血管的收缩和扩张，以及汗腺的分泌。此外，皮肤还能产生多种神经反射，以保护身体免受伤害。

（三）调节体温功能

皮肤在机体体温调节中扮演着关键的角色，通过辐射、对流、蒸发和传导这四种方式来完成调温任务。辐射是通过皮肤向周围环境发射或吸收热量，对流是通过血液循环调节热量的传递，蒸发是通过汗液蒸发带走体表热量，传导则是通过与周围物体的直接接触来进行热量交换。这些机制的协调作用使得皮肤成为一个高效的调温器官，有助于维持机体在适宜的温度范围内。

（四）吸收功能

皮肤的吸收功能不仅是维护身体健康不可或缺的一部分，同时也为现代皮肤美容学提供了重要的理论基础。皮肤通过其吸收功能，可以有效地吸收外界的养分和药物成分，对于皮肤的护理、保健以及治疗皮肤病症具有重要作用。

（五）分泌和排泄功能

皮肤的排泄作用主要通过汗腺和皮脂腺囊来实现，其中皮脂腺的分泌功能类似于肾脏的部分排泄功能。皮脂腺能够分泌皮脂，形成皮脂膜，这一膜具有润滑皮肤和毛发的作用。这种排泄和分泌的过程有助于维持皮肤表面的湿润度和柔软度，同时起到防水和防护的作用。

皮肤相关视频讲解见资源3-1。

资源3-1

任务二 皮肤衍生物

一、毛

（一）毛的形态和分布

毛是一种角质化的表皮结构，具有坚韧和富有弹性的特点，同时也是温度的不良导体，具有保温作用。在动物界中，被毛主要分布在哺乳动物体表，是家畜的一种特征。家畜的被毛有很多分类，如粗毛和细毛。在牛的身上，被毛多为短而直的粗毛，而在绵羊身上则多为细毛。此外，有些家畜的口唇附近长有一些特别敏感的触毛，这些触毛的根部富有神经末梢。

不同种类的家畜，其被毛的分布也不同。例如，牛的被毛是均匀分布的，而绵羊的被毛则成组地分布。在畜体表面，毛流的排列具有一定的方向性，这种排列形式在不同的部位会有所变化。这种特殊的排列形式使得被毛能够在不同环境中为动物提供更好的保温和保护作用。因此，对于家畜来说，被毛是一种非常重要的生理特征。

（二）毛的结构

毛是表皮的一种衍生物，由角化的上皮细胞构成，分为露在皮肤外的毛干和埋在真皮和皮下组织内的毛根。毛根外部由上皮组织和结缔组织构成的毛囊包裹，毛根末端形成毛球，底部凹陷形成毛乳头，富含血管和神经，为毛提供营养。毛的生长和维持依赖于毛乳头的供血和神经支配。深入了解毛的结构和生理特点，有助于理解毛发的生长周期、落发原因以及与毛发相关的健康问题，对于美容、医学和生理学研究有实际价值。

（三）换毛

毛发具有一定的寿命，生长到一定时期后会发生衰老脱落，并由新毛替代，这一生理过程被称为换毛。换毛可分为持续性和季节性两种方式。持续性换毛不受时间和季节的限制，而季节性换毛通常每年春秋两季进行。大部分家畜采用混合方式的换毛，同时具有持续性和季节性。无论是哪种方式，换毛的过程包括毛乳头衰老、毛球细胞停止增生以及毛根脱离毛囊，最终由新毛推动旧毛脱落。深入了解换毛的机制有助于理解动物生理学和毛发健康，对于畜牧业和美容学研究有实际价值。

二、皮肤腺

（一）汗腺

汗腺分布于皮肤的真皮和皮下组织中，是一种单管状腺。它的排泄管通常通过开口于毛囊，而在无毛的皮肤上则穿过表皮直接开口于皮肤表面。在不同的动物中，汗腺的发达程度有所差异，绵羊的汗腺相对较为发达，而牛的面部汗腺则尤为显著。

（二）皮脂腺

家畜在角、蹄、爪、乳头及鼻唇镜等少数部位除外，几乎全身都分布有皮脂腺。其中，马的皮脂腺相对较为发达，而绵羊在眶下窦、趾间窦等处有极为发达的皮脂腺。这些皮脂腺位于真皮内，介于毛囊和竖毛肌之间，为分支的泡状腺，导管部较短，可开口于毛囊或直接开口于皮肤表面。皮脂腺分泌的皮脂具有滋润皮肤和被毛的作用，使皮肤和被毛保持柔韧，防止干燥和水分渗入。绵羊的皮脂与汗液混合形成脂汗，这对羊毛的弹性和坚韧性产生影响。

（三）乳腺

1.乳腺的形态位置

乳腺是哺乳动物特有的皮肤腺，属于复管泡状腺。其主要功能是在动物繁殖过程中哺乳幼仔。虽然雌雄动物都有乳腺，但只有雌性动物才能发育并具有分泌乳汁的能力。在反刍动物中，乳腺位于腹下部，两股之间，悬吊于耻骨部，外被皮肤，形成乳房。

牛的乳房呈倒置的圆锥形，具有不同的形态，如圆形、山羊型、发育不均衡和扁平型等。这个器官由4个乳房结合在一起，通过纵横沟分为4个部分。每个乳房又分为基部、体部和乳头部，基部紧贴腹壁底部，体部膨大是乳腺所在位置。每个乳房上有一个乳头，乳头呈圆柱形或圆锥形，具有一个乳头孔，连接乳头管。乳头管内有纵嵴，乳头开口处有括约肌来控制开合。乳头的大小和形态影响了机器挤奶的适用性。有时在乳房的后部还可能有一对发育不全的副乳头，它们没有分泌乳汁的功能。

羊的乳房形状为圆锥形，分为左右两个乳房。每个乳房的乳头基部具有较大的乳池，而每个乳头都包括一个乳头管和乳头管的开口。这种结构是羊类哺乳的关键部分，通过乳头管将乳汁输送到乳头的开口，以满足幼羊的哺乳需求。

2.乳房的结构

乳房是由皮肤、筋膜和实质组成的，其中皮肤薄而柔软，长有稀疏的细毛。在乳房的后部到阴门裂之间，存在带有线状毛流的皮肤褶，被称为乳镜。乳镜的大小直接影响乳房的舒展程度和含乳量，因此在评估奶牛的产乳能力时，乳镜扮演着重要的角色。

乳房的筋膜位于皮肤深层，分为浅筋膜和深筋膜。筋膜富含弹性纤维，在乳房中间形成乳房悬韧带，起到固定乳房的作用。筋膜的结缔组织将乳房实质分成多个腺小叶，每个小叶由腺泡构成。

乳房的实质主要包括腺泡和导管。腺泡具有管状结构，其上皮为单层立方上皮。腺泡是乳房主要的分泌单位，分泌的乳汁通过导管进入乳池。每个乳头上有一个乳头管与乳池相通，其开口处由括约肌进行控制，从而协助乳汁的排出。

（四）特殊皮肤腺

除了常见的汗腺、皮脂腺和乳腺之外，家畜的皮肤还含有一些变型的腺体，如牛鼻唇镜上的鼻唇腺、羊鼻镜上的鼻镜腺等，这些腺体能够分泌水状的液体。而在绵羊的眼内角、腹股沟部的窦腔以及指（趾）间的指（趾）间窦内，也分布有许多特殊的皮脂腺和汗腺。

三、蹄

蹄是有蹄类动物如马、牛、猪等的指（趾）端着地的部分，是由皮肤衍变而来的结构。在偶蹄动物中，比如牛（羊），每个指（趾）端有4个蹄，分别为第2、3、4、5指（趾）蹄。主蹄是指3、4指（趾）蹄，它们发达且直接与地面接触。而2、5指（趾）蹄较小，不能直接着地，附着于系关节掌（跖）侧面，称为悬蹄（图3-2）。

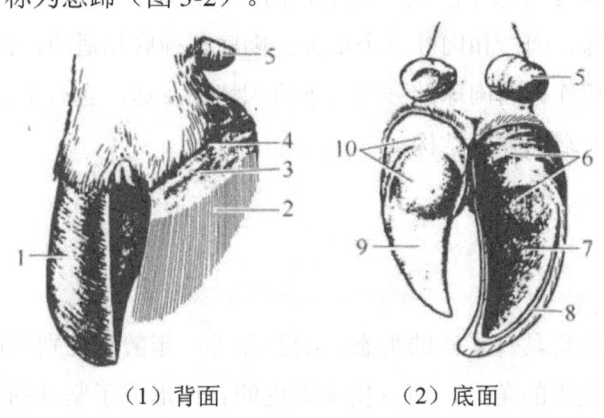

（1）背面　　　　（2）底面

1.蹄壁；2.肉壁；3.肉冠；4.肉缘；5.悬蹄；6.蹄球；7.蹄底；8.白线；9.肉底；10.肉球

图3-2　牛蹄（一侧蹄匣已除去）

蹄部呈锥形，与牛（羊）蹄骨类似。它分为蹄匣和肉蹄两部分。悬蹄的结构虽然与主蹄相似，但更为简单。蹄部由蹄匣、肉蹄和皮下组织构成，其中肉蹄和皮下组织形成肉壁、肉底和肉球等结构。与主蹄相比，悬蹄的结构相对简单。

（一）蹄匣

蹄匣是由表皮衍生而来，主要分为蹄壁、蹄底和蹄球三部分。

蹄壁的近端有一条颜色稍淡的环状带，称为蹄冠。蹄冠与皮肤连接的部分形成一条窄窄的、柔软的带状区域，称为蹄缘。蹄缘具有很好的柔软性和弹性，能够有效地减少蹄匣对皮肤的压力。在蹄缘和蹄冠的内表面，存在许多小孔。

蹄底表面稍微凹陷，与地面接触。其前部呈现三角形，与蹄壁下缘之间由蹄白线分隔开来。蹄白线是由蹄壁角小叶层向蹄底延伸形成的。在角质底的内表面，有许多小孔，这些小孔内含有肉底上的乳头。

蹄球呈现为球状隆起，由相对柔软的角质构成。

（二）肉蹄与皮下组织

肉蹄是蹄类动物真皮的一部分，由血管和神经组成，呈现出鲜红的颜色。它可以进一步细分为三个区域：肉壁、肉底和肉球。肉壁与蹄骨的骨膜紧密结合，具有肉缘、肉冠和肉叶三个部分。肉底与蹄底相适应，没有皮下组织，并与骨膜紧密相连。而肉球部分的皮下组织特别发达，含有丰富的弹性纤维，构成了指（趾）端的弹力结构。

四、角

反刍动物的角具有多样的形态，受到品种、年龄和性别的影响。这些角的基础构成是额骨的角突，而表皮和真皮的合作形成了坚硬的角鞘，其中包含角质小管和管间角质。

牛的角在形态上呈现出多样性，成年牛的角形状包括半圆形、长而粗壮等不同特征。角的组成包括角基、角体和角尖，其中角基连接额部皮肤，而角尖则是最坚硬的部分。角表面具有环状凸起，即角轮，其分布在不同部位，牛和羊的角轮特征各异。角的大小和形状则由骨质突的外形以及角质生长的不均匀性所决定，形成了各种各样的弯曲甚至螺旋状的角。

皮肤衍生物相关视频讲解见资源 3-2。

资源 3-2

项目四　消化系统

任务一　消化管

一、内脏

内脏是动物体内位于体腔内的器官，其功能涵盖了动物的新陈代谢、生命活动和繁殖等方面，包括了消化、呼吸、泌尿和生殖等器官，还包括心脏、脾脏和内分泌腺等。内脏按照结构和功能的不同可分为有腔内脏和实质性内脏两类，其中有腔内脏通常具有管状结构，由黏膜、黏膜下层、肌层和外膜构成；而实质性内脏则主要由上皮组织构成，以结缔组织为支架，如肝、胰和肾。

二、腹腔、骨盆腔与腹膜

（一）腹腔

腹腔是动物体内最宽敞的腔室，由膈、腹肌和腱膜等结构围合，上接腰椎、腰肌和膈肌角，下通骨盆腔。腹腔内容纳了大部分消化器官，包括脾、肾、输尿管、卵巢、输卵管，以及部分子宫和大血管。

（二）骨盆腔

骨盆腔是腹腔向后的延伸，由荐骨、尾椎、髂骨、荐坐韧带、耻骨和坐骨等组成。腔的前口由骨骼结构围合，包括荐骨岬、髂骨体和耻骨前缘，后口则由尾椎、荐坐韧带和坐骨弓围成。骨盆腔内含有直肠、输尿管、膀胱，雌性动物还有子宫和阴道，雄性动物则有输精管、尿生殖道和副性腺等器官。这一区域的结构对于支撑、保护和调控生殖和排泄功能具有关键作用。

（三）腹膜

腹腔和骨盆腔内的浆膜被称为腹膜，包括腹膜壁层和脏腹膜。腹膜壁层紧贴于腹腔和骨盆腔壁的内表面，而脏腹膜从壁层折转并覆盖在内脏器官的外表面。这两层之间形成的腔隙即为腹膜腔。腹膜的存在对于器官的保护、减压和运动具有重要作用。

为了明确器官的位置，腹腔被细分为10个部分。首先，通过最后肋骨最突出点和髋结节前缘各做一个横断面，将腹腔分为腹前部、腹中部、腹后部。腹前部分为季肋部和剑状软骨部，季肋部再分为左右两部分。腹中部分包括左右髂部和中间部，中间部进一步分为背侧的腰部和腹侧的脐部。腹后部分则包括左右腹股沟部和中间的耻骨部。这一划分方法有助于准确描述腹腔内不同区域的解剖结构。

三、消化系统的组成

消化系统是完成机体内消化和吸收功能的器官的集合体，包括消化管和消化腺。消化管是容纳器官，以管腔的形式存在，包括口腔、咽、食管、胃、小肠和大肠。消化腺则分为壁内腺和壁外腺，前者存在于消化管壁内，如食管腺、胃腺和肠腺；后者是独立于消化管壁之外构成完整器官的腺体，如唾液腺（腮腺、颈下腺、舌下腺）、肝和胰腺。它们通过排泄管分泌物排入消化管，共同参与机体的消化过程。

四、消化管管壁的一般结构

消化管各段在形态和功能上有各自的特点，但其共同的组织结构包括四层：黏膜、黏膜下层、肌层和外膜。

（一）黏膜

黏膜是消化道管壁的最内层，具有柔软、湿润、淡红、富有伸展性的特点。在管腔内空虚时，常形成皱褶，具备保护、吸收和分泌等功能。黏膜可分为以下三层。

1.上皮

上皮是直接与消化道内物质接触并执行功能的部分。口腔、食管、胃的无腺部和肛门的上皮为复层扁平上皮，以耐受摩擦；其他部分的上皮为单层柱状上皮，有助于消化和吸收。这一层组织通常在数天内完成一次更新替换。

2.固有层

固有层主要由疏松结缔组织构成，内含有丰富的血管、神经、淋巴管、淋巴组织和腺体等结构。

3.黏膜肌层

黏膜肌层是固有层下的一薄层平滑肌，其收缩能够使黏膜形成皱褶，从而促进内容物的吸收、血液流动和腺体分泌物的排出。

（二）黏膜下层

黏膜下层位于黏膜和肌层之间，是一层疏松结缔组织，以促进黏膜的活动。这一层内含有较大的血管、淋巴管和神经丛。特别是在食管和十二指肠，黏膜下层还包含腺体，对于这些器官的正常功能发挥起到关键作用。

（三）肌层

消化道管壁的构造中，口腔、咽、食管（马的前4/5）和肛门的管壁主要由骨骼肌组成，而其余各段则由平滑肌构成，包括内层的环行肌和外层的纵行肌。这两层之间存在肌间神经丛和结缔组织，肌间神经丛对于调节肌肉收缩具有重要作用，使胃肠保持持续的运动，从而促进食物的消化和吸收。

（四）外膜

外膜是管壁最表面的疏松结缔组织层，含有丰富的弹性纤维。在食管前部和直肠后部与周围器官相连接的地方被称为外膜。在胃肠的外膜表面上存在一层光滑湿润的间皮，即浆膜。浆膜的存在有助于减少消化管运动时的摩擦，便于器官的活动。

五、消化管的分布和特点

（一）口腔

口腔是消化管的起始部，担负着采食、咀嚼、辨味、吞咽和分泌消化液等多种功能。口腔的前壁由唇构成，两侧壁为颊，顶壁是硬腭，底壁由下颌骨和舌组成，后壁为软腭，通过咽峡与咽相连接。这一区域是消化过程的起始点，对于食物的初步处理和咀嚼有着重要的作用。

1.唇

唇部由皮肤、黏膜和环形肌组成，黏膜深层含有唇腺，腺管直接开口于黏膜表面。不同动物的唇部特点各异：牛唇坚实、短厚，具有鼻唇镜；羊唇薄而灵活，上唇中部有纵沟，形成鼻镜；猪的唇短厚，与鼻连在一起形成吻突，下唇尖小，口裂较大；马的唇长而灵活，是采食的主要工具。这些特征对于不同动物的生活和饮食方式具有重要的适应性。

2.颊

颊位于口腔两侧，主要由颊肌构成，外表覆盖着皮肤，内部衬有黏膜。在牛和羊的颊黏膜上存在许多朝向后方的锥状乳头。这些特征与食草性动物的摄食方式有关，有助于它们更有效地获取食物。

3.硬腭

硬腭是口腔的顶壁，延续为软腭。硬腭的黏膜坚实，中部有腭缝和横行的腭褶。在硬腭前端与齿板之间存在一个突起，称为切齿乳头，两侧有鼻腭管的开口，鼻腭管另一端通向鼻腔。这一结构对于食物的初步处理和咀嚼有着重要的作用。

4.软腭

软腭是一黏膜褶，位于硬腭后方，含有腺体和肌组织，形成口腔的后壁。

咽峡是软腭与舌根之间的空隙，是口腔与咽之间的通道。这一结构在咀嚼、吞咽和语言发音等方面都有着重要的作用。

5.舌

舌是由骨骼肌构成的器官，表面覆盖着黏膜，在咀嚼、吞咽等动作中起到搅拌和推送食物的作用。舌分为舌尖、舌体和舌根三部分。舌尖与舌体交界处的腹侧面有黏膜褶称为舌系带，与口腔底部相连（牛、猪2条，马1条）。舌黏膜表面有许多大小不一的突起，称为舌乳头，其中有的内含味蕾，可以感觉味觉。舌根附着在舌骨上，背侧的黏膜内含有淋巴器官，称为舌扁桃体。

牛的舌宽厚有力，是主要的采食器官，具有尖端向后角质化扁平的豆状乳头，对于咀嚼过程有机械作用。相比之下，马的舌灵活，舌系带两侧有舌下肉阜，其中的"卧蚕"是颌下腺的开口处，在中兽医学中具有重要的临床诊断意义。

6.齿

齿是动物体最坚硬的器官，其主要功能包括采食和咀嚼。齿的形态和种类在不同动物中有所差异，适应了它们各自的饮食和生活方式。

（1）齿的形态和位置

齿是动物的咀嚼和采食器官，嵌入于上下颌骨的齿槽中，形成上齿弓和下齿弓。每一侧的齿弓上，齿的排列包括切齿、犬齿和臼齿。切齿由内向外分别是门齿、内中间齿、外中间齿和隅齿；臼齿可分为前臼齿和后臼齿。动物齿的排列方式称为齿式（括号内为一侧齿式，故应乘以2）：

$$2(上齿弓)\begin{pmatrix}切齿犬齿前臼齿后臼齿\\切齿犬齿前臼齿后臼齿\end{pmatrix}$$
$$2(下齿弓)$$

动物的齿在一生中并非固定，通常在出生后逐个长出。除了后臼齿外，其余齿在一定年龄时按照一定的顺序进行脱换。脱换前的齿称为乳齿，个体较小、颜色乳白、磨损较快；而脱换后的齿相对较大、坚硬、颜色较白，称为恒齿。几种齿式如下：

恒齿式：

$$牛：2\left(\frac{0033}{4033}\right)=32 \quad 猪：2\left(\frac{3143}{3143}\right)=44$$

$$马（♂）：2\left(\frac{3133}{3133}\right)=40 \quad 马（♀）：2\left(\frac{3033}{3033}\right)=36$$

$$犬：2\left(\frac{3142}{3143}\right)=42 \quad 猫：2\left(\frac{3131}{3121}\right)=30 \quad 兔：2\left(\frac{2033}{1023}\right)=28$$

乳齿式：

$$牛：2\left(\frac{0030}{4030}\right)=20 \quad 猪：2\left(\frac{3130}{3130}\right)=28$$

$$马：2\left(\frac{3130}{3130}\right)=28 \quad 犬：2\left(\frac{3130}{3130}\right)=28$$

$$猫：2\left(\frac{3130}{3120}\right)=26 \quad 兔：2\left(\frac{2030}{1020}\right)=16$$

（2）齿的结构

齿在外形上可分为三部分：齿根埋于齿槽内，齿冠露于齿龈外，齿颈介于两者之间被齿龈覆盖。上下齿冠相对的咬合面被称为磨面，而齿龈则包围在齿颈外，与骨膜紧密相连，呈淡红色，发挥固定齿的作用。

齿壁的组成包括齿质、釉质和齿骨质。齿质是构成齿的主体，呈淡黄色。在齿冠部，齿质的外层包覆光滑、坚硬、乳白色的釉质，是体内最坚硬的组织。在齿根部，齿质的外层初具略呈黄色的齿骨质。齿的中心部是齿髓腔，其中含有富含血管和神经的齿髓，对生长齿和提供营养有关键作用。这些结构共同构成了齿的复杂组织。

牛的上颌没有上切齿，而是用坚硬角质化的齿板代替。下颌的切齿齿冠呈铲形，齿根细圆，其脱换规律常被用于年龄鉴定。乳切齿通常能保留到2岁左右；2岁时恒门齿出现；2.5岁时内中间恒齿出现；3岁时外中间恒齿出现；4岁左右刚恒齿出现；而在14岁后，齿冠将全部磨损。这些变化是牛齿在不同阶段生长和脱换的常见规律。

马的切齿具有独特的特点，包括齿冠长而深入齿槽，磨面上有漏斗状齿窝，即所谓的黑窝或齿坎。黑窝内填充了食物残渣，腐败后呈黑色。随着年龄增长，齿冠磨损加大，黑窝逐渐消失，齿质暴露，形成黄褐色的斑痕，即齿星。通过观察这些特征，可以判断马的年龄。

（二）咽

咽位于口腔和鼻腔的后方，喉和食管的前上方，是消化和呼吸的共同通道。咽内有7个孔与周围器官相通：前上方通过两个鼻后孔通向鼻腔；前下方通过咽峡通向口腔；后背侧通过食管口通向食管；后腹侧通过喉口通向气管；两侧壁各有一耳咽管口通向中耳。这些通道在呼吸、消化和听觉等方面起到重要的作用。

（三）食管

食管是将食物从咽送入胃的一肌质管道，分为颈段和胸段。颈段从喉和气管的背侧起始，经纵隔到达横膈膜，而胸段通过膈的食管裂孔进入腹腔，直接连接到胃的贲门。食管黏膜上皮为复层扁平上皮，表面形成纵行皱裂，有助于食物的下行。

（四）胃

胃位于腹腔内，是消化管的膨大部分，前接食管处形成贲门，后形成幽门通十二指肠。其主要功能包括储存食物、发酵和分解粗纤维，进行初步消化，并推送食物入小肠。胃可分为多室胃和单室胃，胃壁的结构包括黏膜、黏膜下层、肌层和浆膜四层。

1.多室胃（复胃）

牛、羊的胃由四个胃室组成，这些胃室联合在一起形成了多室胃或复胃。前三个胃室中没有消化腺体存在，它们主要起到储存食物和分解纤维素的作用，因此被称为前胃或假胃。第四个胃室中有消化腺分布，能够分泌胃液，进行化学消化，因此也被称为真胃。总体而言，牛、羊的消化系统通过这种多室胃的结构和功能分工，实现了对食物的高效消化和利用。

（1）瘤胃

瘤胃是四个胃中容积最大的，占据总容积的约80%。其形状为前后稍长、左右略扁的椭圆形，占据了左侧腹腔的全部，并延伸至右侧腹腔的下部。前端与第7、8肋间隙相对，后端达到骨盆腔前口。在左侧，它与脾、膈及左腹壁相接触，而在右侧，则与瓣胃、皱胃、肠、肝、胰等器官相邻。背侧则通过腹膜和结缔组织附着于膈脚和腰肌的腹侧面，而腹侧缘则通过大网膜与腹腔底相接触。

在瘤胃的前端和后端，可以观察到较深的前沟和后沟，而左右侧面则有较浅的左、右纵沟。与这些沟相对应的是瘤胃内壁的沟柱。瘤胃的独特结构展现了其复杂而精巧的形态。环状沟和沟柱的合作构成了背囊和腹囊，而前后沟的深度形成了多个盲囊。瘤胃与网胃之间的通路和前庭的存在为食物流动提供了便捷通道，而黏膜特征则在乳头的分布和毛细血管的丰富性上表现出多样性。这些结构特点共同构成了瘤胃独特的解剖学特征，为其在消化过程中的重要功能提供了基础。

（2）网胃

网胃是体积最小但在消化过程中具有特殊功能的胃部。其梨状外形位于季肋部正中，通过瘤网口与瘤胃相通，同时通过网瓣口与瓣胃相连接。食管沟的存在，特别是成年牛食管沟不闭合的特点，为液状食糜直接进入瓣胃提供了便捷通道。这使得网胃在整体胃部协同工作中扮演着重要的角色。网胃的位置与膈、肝相接触，使其前面较突出，但也存在一定的风险，因为尖锐异物可能穿透网胃和膈，危及心包和心脏，引发创伤性心包炎和心肌炎。此外，网胃黏膜的独特结构，形成了网格状皱褶和密布的角质乳头，可能与其功能和生理过程密切相关。

（3）瓣胃

瓣胃在四个胃中占比较大的容积，具有两侧稍扁的坚实球形结构，位于右季肋部。其黏膜表面由角质化的复层扁平上皮组成，形成大小不同的百余片叶片，被称为"百叶"，在消化中发挥榨干、磨碎食物的功能。瓣胃底部的瓣胃沟连接了网瓣孔和瓣皱孔，实现了液态饲料直接进入皱胃的过程。这一结构和功能的组合使得瓣胃在整个消化过程中具有重要作用。

（4）皱胃

皱胃是四个胃中唯一具有腺体的胃，其黏膜表面光滑、柔软，呈现12～14条螺旋形皱褶。腺体分布于不同区域，包括贲门腺区、胃底腺区和幽门腺区，这些区域可分泌消化液，起到初步消化食物的作用。皱胃的容积占总容积的7%～8%，形状如囊状，前端为胃底部与瓣胃相连接，后端狭窄处为幽门部与十二指肠相连。整个胃位于特定的腹部位置，与其他胃的相对关系清晰，为消化系统的正常功能提供了解剖基础。

牛的胃容量与年龄、体格大小直接相关，一般中等体型的牛胃容量为135～180 L。四个胃的大小和比例与年龄、食物性质等因素有密切关系。新生犊牛的瘤胃和网胃总容量仅相当于皱胃的一半，而在出生后4个月左右，前两胃的总容量可相当于后两胃的4倍。1～1.5岁时，胃的容积基本稳定，其中瘤胃占总容积的80%，网胃占5%，瓣胃占7%～8%，皱胃占7%～8%。

羊胃与牛胃相似，但在其中，羊的瓣胃是最小的，而牛的网胃则是最小的。这一结构上的差异可能反映了不同动物在消化系统上的一些特殊适应和生理差异。

2.单室胃

猪和马作为单胃动物，其胃部构造复杂而精细，呈现出椭圆形囊的形状。这个囊包括贲门作为进口，幽门作为出口，胃大弯和胃小弯，以及与膈和肠相邻的膈面和脏面。这一结构为它们的消化系统提供了独特的特征，使其能够有效地处理各种食物。猪胃胃壁由内向外分为4层。

（1）黏膜

胃黏膜按腺体存在与否分为无腺区和有腺区。无腺区黏膜由多层扁平细胞组成，色泽苍白，无腺体，类似多室胃前部。有腺区胃黏膜含腺体，功能类似多室胃皱胃，表面有凹陷结构即胃小凹，为胃腺开口。有腺区可细分为贲门腺区、幽门腺区和胃底腺区。贲门腺区和幽门腺区含分泌碱性黏液的黏液细胞，润滑并保护胃黏膜。胃底腺区是胃中最大部分，位于胃底，是胃消化液主要产生地。

（2）黏膜下层

黏膜下层，这一生物结构在生物的生理机能中发挥着不可或缺的作用。作为生物体内疏松结缔组织层的一种表现，它位于黏膜和肌层之间，承担着连接、支撑和保护等多重任务。

（3）肌层

胃的肌层是消化管中最厚实的部分，由内层的斜行肌、中层的环形肌以及外层的不完整纵行肌组成。斜行肌主要分布于无腺部，尤其在贲门形成贲门括约肌；环形肌在胃的幽门部格外发达，形成幽门括约肌；而不完整的纵行肌主要分布于胃的大弯和小弯处。

（4）浆膜

浆膜作为生物体的外层结构，具有多重重要的功能。它不仅保护内部器官免受外部冲击和摩擦的损害，还参与维持生物体内部的稳定环境和促进器官的正常运动。

胃相关视频讲解见资源 4-1。

资源 4-1

（五）小肠

小肠是消化系统中关键的器官，负责食物的消化和吸收。它位于胃的幽门前方，通过回盲口与盲肠相连，包括十二指肠、空肠和回肠三个主要部分。在这个复杂而精密的结构中，食物得以充分消化并完成养分的吸收，为整个消化过程提供了重要的功能支持。

1.小肠的形态和位置

（1）牛的小肠

牛的小肠可分为十二指肠、空肠和回肠三个部分。十二指肠从幽门开始，形成乙状弯曲；空肠分布在右季肋部、右髂部和右腹股沟部，形成肠圈，部分环绕瘤胃后方到达左侧；回肠相对较短，呈直线向前上方延伸至盲肠腹侧，最终止于回盲口。这一结构使得牛能够高效地完成食物的消化和吸收过程。

（2）猪的小肠

猪的小肠主要由十二指肠、空肠和回肠组成。十二指肠呈环形袢状，长度在 40 至 90 cm 之间；空肠则形成大量肠袢，主要分布在腹腔右半部和结肠圆锥的右侧；回肠相对较短直，末端开口于盲肠和结肠交界处的腹侧，其开口处的黏膜稍微突入结肠内。这种结构使得猪能够有效地完成食物的消化和吸收，从而满足其营养需求。

（3）马的小肠

马的小肠由十二指肠、空肠和回肠构成。十二指肠从幽门部开始，形成乙状弯曲，向上向后延伸，经过右肾后方绕过肠系膜根转向左侧，然后移行为空肠。空肠长达 22 m，通过空肠系膜悬吊在腹腔中，形成多个肠袢，主要分布在左髂部、左腹股沟部和耻骨部。回肠相对较短，系膜较窄，肠管较直，管壁较厚，从左髂部空肠开始，直达盲肠底小弯偏内侧的回盲口。这种结构有助于马有效地完成食物的消化和吸收。

2. 小肠的结构

小肠的肠壁结构符合一般管腔器官的构造，包括黏膜、黏膜下层、肌层和浆膜四个层次。

（1）黏膜

小肠黏膜形成环形皱褶，其表面覆盖着肠绒毛，由上皮和固有层组成。上皮构成肠绒毛的表面，其中心有一条贯穿整个肠绒毛的中央乳糜管，周围有毛细血管网丛。固有层包含分散的平滑肌，与肠绒毛的长轴平行。在肌肉的收缩时，肠绒毛缩短，促使吸收的营养物质通过血液和淋巴进入深层的血管和淋巴管，完成有效的消化吸收过程。小肠黏膜上皮为单层柱状上皮，包含柱状细胞和杯状细胞。柱状细胞具有纹状缘，顶端有微绒毛，每个细胞可拥有数千个微绒毛，从而使细胞表面积增加 20 倍以上，有利于食物的消化和吸收。微绒毛的密集排列促进了有效的营养物质吸收和运输。杯状细胞位于柱状细胞之间，分泌黏液，起到润滑和保护上皮的作用。小肠的固有层主要由富含网状纤维的结缔组织构成，其中的一部分形成肠绒毛的轴心，另一部分伸入肠腺之间。固有层内包括大量肠腺、血管、淋巴管、神经和各种细胞成分。此外，淋巴小结分布在空肠和十二指肠，有的单独存在称为淋巴孤结，有的集合成群称为淋巴集结，常伸入黏膜下层。黏膜肌层为一薄层平滑肌。

（2）黏膜下层

小肠的黏膜下层主要由疏松结缔组织构成。特别是在十二指肠的黏膜下层内，存在十二指肠腺，其分泌物能够形成一种屏障，以对抗胃酸对十二指肠黏膜的侵蚀。

（3）肌层

主要由内层的环行和外层的纵行两层平滑肌组成。这种结构为动物的运动、消化和其他重要生理过程提供了坚实的基础。

（4）浆膜

由薄层的结缔组织和间皮组成，共同维持着动物体内环境的稳定。

（六）大肠

大肠由盲肠、结肠和直肠三个部分组成，与回肠相连接，最终通过肛门排出。其主要功能涵盖了纤维素的消化、水分的吸收，以及粪便的形成和排泄等。

大肠壁的结构与小肠壁相似，但肠腔更为宽大，黏膜表面平滑，没有肠绒毛。上皮细胞为高柱状，黏膜内有整齐排列的大肠腺，其分泌物中不含消化酶。化学消化主要依赖于伴随食糜一同进入大肠的小肠消化液。肠壁内有较多淋巴孤结，较少淋巴集结。肌层由内环和外纵两层平滑肌组成，纵行肌可集合成纵带，环行肌在某些动物中形成横沟，从而形成肠袋。外层覆盖有浆膜，除直肠外，其余部分均被浆膜覆盖。

1. 牛、羊的大肠

（1）盲肠

盲肠是一个位于后髂部的圆筒状器官，其特点是以回盲口为界，盲端向后延伸，直至触及骨盆前口。在羊体内，盲肠的盲端甚至可以深入骨盆腔内。这个盲端部分并非固定不变，而是处于游离状态，具有一定的移动性。从回盲口向前追溯，会进入结肠的区域。

（2）结肠

结肠分为初袢、旋袢、终袢三个部分。初袢位于结肠前段，呈"乙"状弯曲，主要在右髂部。旋袢为结肠中段，盘曲成圆盘状，位于瘤胃的右侧，形成向心回和离心回。终袢是结肠的末段，开始向后，折转向前，然后向左绕过肠系膜前动脉，最终向后伸达骨盆前口，移行为直肠。

（3）直肠

直肠位于骨盆腔内，连接着结肠和肛门，是消化系统的最后一个部分。

在牛和羊等反刍动物中，直肠通常较短，这种结构特点使得食物残渣能够快速通过，减少在肠道中的滞留时间，从而提高了消化效率。

2.猪的大肠

（1）盲肠

盲肠的特点是短而粗，呈圆锥状，主要位于左髂部。盲肠的盲端朝向后下方，伸达至骨盆前口附近。

（2）结肠

结肠位于腹腔左侧，位于胃的后方，呈圆锥状双重螺旋盘曲。结肠分为向心曲和离心曲两段。向心曲口径较粗大，旋转方向为背侧向腹侧，旋转三周；离心曲口径较细小，旋转方向为腹侧向背侧，最后连接到直肠。

（3）直肠

直肠位于骨盆腔内，其中部膨大可形成直肠壶腹。

3.马的大肠

（1）盲肠

盲肠在形态上非常发达，呈逗点状，长度约 1 m，容积比胃大。其位置位于腹腔右侧，自右髂部沿腹壁斜向前下方，直至剑状软骨部。盲肠可分为盲肠底、盲肠体和盲肠尖三个部分。盲肠底是盲肠的弯曲部分，位于右髂部。其凸出部称为大弯，常用于盲肠穿刺。凹入部是小弯，包含回盲口和盲结口，相距 5～8 cm，口上有回盲瓣和盲结瓣。盲肠尖位于盲肠的游离部分，向腹腔的前下方伸展，距剑状软骨 10～15 cm，适宜进行腹腔穿刺。盲肠体位于盲肠底和尖之间，肠壁上有 4 条纵带和 4 列肠袋。

（2）结肠

马的结肠分为大结肠和小结肠两部分，呈现出非常发达的结构。

①大结肠：大结肠，这条长 3～3.7 m 的肠道，在腹腔内占据了显著的位置，其形态仿佛两个相互叠加的马蹄铁，构成了上下两层结构。它一共被分为四段和三个弯曲，这些分段和弯曲的顺序是：右下大结肠、胸骨曲、左下大结肠、骨盆曲、左上大结肠、膈曲，以及右上大结肠。

大结肠的内径在不同的段落中有显著的变化。除了起始部分，下层大结肠的管径通常较粗，直径 20～25 cm。然而，当到达骨盆曲时，管径会急剧缩小至 8~9 cm。随后,管径又逐渐增大。在右上大结肠的后部,管径达到最大,为 35~40 cm。由于这一部分的形态与胃相似,因此也被称为胃状膨大部。最终,大结肠会突然变细,与小结肠相连。

大结肠在解剖结构上呈现多个连接方式,如上下大结肠之间的系膜、右下大结肠与盲肠小弯之间的盲结韧带,以及右上大结肠与胰之间的疏松结缔组织及浆膜。尽管存在这些连接,整体上大结肠的各段都是独立的,与腹壁及其他内脏无直接联系。

②小结肠:右上大结肠之后,紧接着的小肠长度为 3~3.5 m,与小肠混合存在。被宽大而发达的后肠系膜悬吊在腹腔中,使其具有较大的活动范围,同时呈现两条纵带和两列肠袋。随着移行,小肠逐渐过渡为直肠。

(3)直肠

直肠在解剖结构上由骨盆腔前口向后直达肛门。其前段与小结肠相接处,管径较细,被称为直肠狭窄部,有时兽医称之为玉女关。而直肠的中部管径则膨大,被称为直肠壶腹。

(七)肛门

肛门作为消化系统的末端结构,具有皮肤和黏膜组织。其开合受到内括约肌和外括约肌的控制,这些肌肉的组成对于维持肛门功能至关重要。值得注意的是,提肛反射在动物是否彻底死亡的判断中具有重要意义,为医学上的重要参考指标之一。

任务二　消化腺

消化腺作为实质性器官,包括唾液腺、肝和胰,具有分泌和导管两个主要部分。这些器官协同工作,通过导管将分泌物输送至消化管,从而实现对食物的化学性消化。

一、唾液腺

唾液腺是能够产生唾液的腺体，包括腮腺、颌下腺和舌下腺等主要组成部分。在某些动物中，如犬和兔，唾液腺的数量较多，而猫的唾液腺则更为发达，包括多眶下腺和额外的臼齿腺。这些唾液腺所产生的液体被称为唾液，起着润滑、消化和保护口腔健康的重要作用。

（一）腮腺

腮腺是唾液腺中最大的一对，位于耳根下方，即下颌骨后缘的皮下，俗称耳下腺。该腺的排泄管被称为腮腺管，它沿着下颌骨后缘延伸至血管切迹处，然后折转向上，最终在颊黏膜上形成开口。

（二）颌下腺

颌下腺位于腮腺的深层，与腮腺相邻。在不同动物中，颌下腺的大小表现出一定的差异，例如牛的颌下腺较大，而猪和马的颌下腺相对较小。颌下腺的腺管开口位置也有变化，可在舌下肉阜（牛、马）或口腔底面的舌系带两侧。

（三）舌下腺

舌下腺位于舌体和下颌骨之间的黏膜下，其特点是拥有多个腺管，这些腺管分布在口腔底部的黏膜上。这种位置和结构的设计有助于舌下腺的分泌物通过腺管进入口腔，为口腔中的润滑和消化提供必要的生理支持。

二、肝

肝是体内最大的器官，呈棕红色，质地脆弱，形状不规则，位于膈后。其结构特征包括前膈面和后脏面，中央有肝门，通过这里进入肝的有门静脉、肝动脉、肝神经，而肝管和淋巴管则从这里离开。胆囊在家畜中除马属动物外普遍存在，用于储存和浓缩胆汁。肝的边缘有特定的形状，背缘较钝，有食管切迹，而腹缘较锐，有深的切迹将肝分为左、中、右三叶，其中中叶又分为背侧的尾叶和腹侧的方叶，尾叶中向右突出的部分被称为尾状突。

（一）几种动物的肝的形态位置特点

1.牛羊的肝

牛羊的肝整体呈略微长方体状，虽然分叶不太明显，但在解剖上可以将其分为四叶。相较于其他动物的肝脏，牛羊的肝实质较为厚实，同时具有胆囊，位于右季肋部。

2.猪肝

猪肝位于季肋部和剑状软骨部，稍微偏向右侧。其特点在于中央部分相对较厚，而边缘则较薄且锐利，呈现明显的分叶结构。此外，猪肝还配备有胆囊，为消化系统的重要组成部分。

3.马肝

马的肝脏大部分位于右季肋部，少部分位于左季肋部，与其他动物不同，马不具有胆囊。胆汁经由肝管直接从肝门注入十二指肠，这一生理结构与其他哺乳动物有所不同，反映了马类动物的消化系统特点。

（二）肝的组织结构

肝的表面主要由一层浆膜覆盖，其中的结缔组织进入肝的实质，形成了许多称为肝小叶的结构。

1.肝小叶

肝小叶是肝脏的基本构成单位，其形状为不规则的多边棱柱。中央静脉贯穿每个小叶的中央。在横断面上，肝细胞呈索状排列，形成肝细胞索，以中央静脉为中心向外放射状排列。这些分支相互吻合形成网状结构，网眼之间形成窦状隙，即肝血窦，实际上是膨大的毛细血管。窦壁由内皮细胞构成，窦腔内含有库普弗细胞，这些细胞具有吞噬细菌和异物的能力。

肝的立体结构中，肝细胞呈不规则的互相连接的板状，被称为肝板。在肝板之间存在胆小管，这些管道起始于中央静脉周围的肝板内，呈放射状，交织成网状结构。肝细胞分泌的胆汁通过这些胆小管流向小叶边缘的小叶间胆管，多个小叶间胆管最终汇合形成肝管，然后通过肝门离开肝脏，直接进入十二指肠（对于无胆囊动物）或进入胆囊（对于有胆囊动物），最后通过胆管开口于十二指肠。

2.肝的血液循环

肝的血液主要来自两个来源之一，即门静脉。门静脉汇聚了来自胃、脾、肠、胰等器官的血液，通过肝门进入肝脏，形成小叶间静脉，在窦状隙处汇聚后流向小叶中心的中央静脉。门静脉的血液不仅包含胃肠道的营养物质，还含有消化过程中产生的毒素、代谢产物、细菌和异物等有害物质。肝细胞对这些物质进行吸收、储存、加工，并将其转化为有益的物质，同时处理代谢产物、细菌和异物，使其成为无毒、无害的物质。因此，门静脉被认为是肝的功能性血管。

肝的另一血液来源是肝动脉，它起源于主动脉。肝动脉进入肝门后分支成小叶间动脉，与小叶间静脉相伴分支，进入窦状隙和门静脉血混合。这支血管的一部分还可到达被膜和小叶间结缔组织等区域。由于肝动脉来自主动脉，其血液富含氧气和营养物质，供给肝细胞进行物质代谢，因此被称为肝的营养血管。

3.肝门管

肝门处有两条进入肝脏的血管（门静脉、肝动脉）和一条走出肝脏的肝管。这三条管道在肝门处被结缔组织包裹成束状结构，被称为肝门管。此外，结缔组织还进入肝内，分布于小叶之间，将小叶间动脉、小叶间静脉、小叶间胆管同时包裹起来。在肝的组织切片上，相邻肝小叶之间的区域，即小叶间动脉、小叶间静脉、小叶间胆管伴行分布的区域，被称为门管区或汇管区。

肝的血液循环和胆汁排出途径如图 4-1 所示。

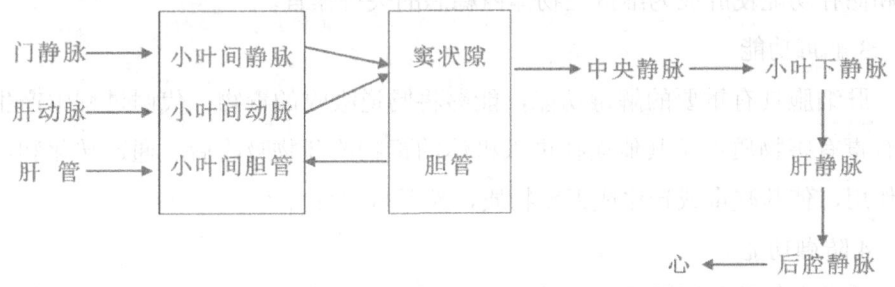

图 4-1　肝的血液循环和胆汁排出途径

（三）肝的生理作用

肝是生物体内的关键器官，不仅在消化过程中分泌胆汁，还承担着体内代谢的核心任务，许多重要的代谢过程都在肝内进行。此外，肝还具有造血、解毒、排泄和防御等多重功能，对维持生物体的内稳态和健康发挥着至关重要的作用。肝脏的多功能性使其成为生物体内一个不可或缺的重要组成部分。

1. 分泌功能

肝是体内最大的腺体，肝细胞分泌的胆汁在一昼夜内可达 6 L（牛、马）或 1.7～2 L（猪）。胆汁的主要成分包括水、胆酸盐、胆色素、胆固醇、卵磷脂以及其他磷脂、脂肪和矿物质等。尽管这些成分中不含消化酶，但其中的胆酸盐和碱性无机盐对消化具有重要意义：①胰脂酶在分解脂肪时需要胆酸盐作为辅助因子，这可以显著提高脂肪酶的活性。②胆酸盐通过降低脂肪的表面张力，将脂肪分解成微小的液滴，从而增加了脂肪与脂肪酶的接触面积，有助于脂肪的分解。③胆酸盐还能与脂肪酸结合，形成水溶性的复合物，这有助于脂肪酸的吸收。④此外，胆酸盐还能促进脂溶性维生素如维生素 A、D、E 和 K 的吸收。⑤胆汁中的碱性无机盐可以中和由胃进入肠道的酸性食物残渣，维持肠道内的酸碱平衡，这对小肠的消化功能非常重要。⑥胆酸盐还可以刺激小肠的运动，确保其处于正常的运动状态。

2. 代谢功能

肝细胞内拥有多功能性，能够进行蛋白质、脂肪和糖的分解、合成、转化和储存。肝在众多代谢过程中扮演关键角色，同时具备储存维生素 A、维生素 D、维生素 E、维生素 K 以及大部分 B 族维生素的功能。这种多样性的代谢和储存功能使肝成为维持生物体内稳态的关键器官。

3. 解毒功能

肝细胞具有重要的解毒功能，能够将肠道吸收的毒物、代谢过程中产生的有毒有害物质以及其他途径进入机体的毒物或药物吸收后，通过转化和结合作用，使其减毒或转化成无毒物质，然后排出体外。

4. 防御功能

库普弗细胞位于肝窦状隙内，具有强大的吞噬作用，能够有效吞噬侵入窦状隙的细菌、异物以及衰老的红细胞。这一功能在肝脏的免疫和清除有害物质的过程中发挥着重要作用。

5.造血功能

在胚胎时期，肝是一个重要的造血器官，能够制造血细胞。然而，成年动物的肝主要参与形成血浆中的一些重要成分，包括清蛋白、球蛋白、纤维蛋白原、凝血酶原和肝素。肝在胚胎和成年阶段分别发挥着不同的造血和代谢功能。

三、胰

胰腺坐落于十二指肠的弯曲处，其质地柔软，内部含有一条胰管直接通向十二指肠（马具有两条）。胰腺外层覆盖着一层薄薄的结缔组织被膜，这些结缔组织深入腺体实质，将实质划分为多个小叶。从功能上看，胰腺实质可分为外分泌部和内分泌部。

外分泌部作为消化腺的重要组成部分，由大量腺泡和导管构成，占据了胰腺的大部分体积。这些腺泡分泌的液体称为胰液，每天可以产生 6～7 L（对于牛、马）或 7～10 L（对于猪），随后通过胰管注入十二指肠。胰液除了含有水和电解质外，还富含有机物，主要是消化酶，如胰蛋白酶、胰脂酶、胰淀粉酶和胰核糖核酸酶等。这些酶在刚分泌时，大部分处于无活性的酶原状态，但在小肠内，受到肠激酶、胆酸盐、氯离子等激活剂的作用，它们能够迅速激活并发挥消化作用。

胰腺的内分泌部位于外分泌部的腺泡之间，形成胰岛，由不同大小的细胞群组成。胰岛分泌胰岛素（降低血糖）和胰高血糖素（升高血糖），这些分泌物没有输出管，直接进入血液循环，通过血液传递到靶器官，发挥其调节血糖的作用。

任务三　胃肠运动及小肠吸收的观察

动物体的组织和器官由多种物质构成，包括蛋白质、糖类、脂类、无机盐、维生素和水。这些物质来源于自然界，通过各种途径进入体内，构成机体的基本物质。然而，能量物质如蛋白质、糖类、脂类由于其复杂的结构和与体内同类化合物的不同，不能相互替代。为了将自然界中的复杂化合物转化为机体可利用的物质，必须经过消化和吸收过程。这一过程包括改变物质的物理性状和化学结构，使其变为结构简单的物质。随后，这些物质通过血液和淋巴系统运输到机体各部，重新组合成具有动物特性的新蛋白质、糖类和脂肪，参与机体的组成和代谢。消化是将自然界中的复杂物质在消化道内转变为可被吸收的结构简单物质的过程，而吸收则是物质透过消化道黏膜上皮进入血液和淋巴的过程。整个过程的目的是将周围环境中对机体有益的物质摄入体内，以供给机体的需要和能量。

一、消化方式

（一）机械性消化

机械性消化，又被称为物理性消化，是通过消化器官的运动改变饲料的物理性状的一种消化方式，包括咀嚼和蠕动。其作用主要包括磨碎、压迫饲料，使其更好地与消化液混合，促进化学性消化和生物性消化；使食糜更好地与消化管壁贴近，有利于吸收；促进内容物后移，有利于排出消化残余物。

消化管的运动主要由平滑肌的收缩完成，而胃肠的平滑肌具有一系列特性，包括兴奋性低、收缩缓慢、伸展性大、不易疲劳和自动节律性。这些特性保证了消化道能够容纳比其本身体积大几倍的食物，同时保持一定的压力和缓慢、有规律的收缩，使内容物缓慢后移。这样的运动特性有助于食物在消化道内的适当混合和慢速移动，促进了充分的消化和吸收。

（二）化学性消化

化学性消化是通过"酶"的催化作用，在消化液中改变饲料的化学结构，使其从复杂变为简单，以便被吸收。酶是一种由体内细胞产生的特殊蛋白质，具有催化作用，通常称为生物催化剂。消化酶是一种特异性较高的酶，由消化腺产生，存在于消化液中或肠裂膜脱落细胞或肠黏膜内，多为水解酶，只对特定的营养物质发挥作用，对其他化合物无效。例如，淀粉酶只能催化淀粉的分解，而对蛋白质和脂肪等则无作用。

酶根据其作用对象的不同可分为三大类型：①糖类酶，包括蔗糖酶、麦芽糖酶等；②蛋白类酶，包括胃蛋白酶、胰蛋白酶、糜蛋白酶、羧肽酶等；③脂类酶，包括脂肪分解酶、凝乳酶等。这些酶各自专注于不同类型的食物分子，发挥着在消化过程中特定化学反应的作用。

酶的作用容易受到多种因素的影响，其中包括温度、酸碱度、激动剂、抑制剂和致活剂。这些因素在一定范围内对酶的催化活性产生重要影响，因此维持适宜的环境条件对于保持酶的有效功能至关重要。

温度对酶的影响极大，通常 37~40 ℃是消化酶的最适温度，此时酶促反应速度最大。然而，当温度升至 60 ℃时，酶的活性会遭到破坏，表明温度的升高超过一定范围将对酶的催化效能产生负面影响。

酶对环境的 pH 极为敏感，各种不同的酶在不同的 pH 环境下表现最佳。例如，胃蛋白酶在酸性环境下最活跃，胰蛋白酶在碱性环境中效果更好，而唾液淀粉酶在中性环境下表现最活跃。

一些物质能够增强酶的活性，被称为激动剂，比如氯离子可以增强淀粉酶的活性。另一方面，还有一些物质能够降低酶的活性，甚至使其完全失去活性，这些物质称为酶的抑制剂，如 Ag^+、Cu^{2+}、Hg^{2+}、Zn^{2+} 等后金属离子。

一些消化酶在腺细胞内产生或刚分泌出来时是无活性的，被称为酶原。为了获得活性，酶原需要在特定条件下经历酶的活化过程。这一转化过程对于确保酶在合适的时机和环境中发挥功能至关重要。

（三）生物性消化

生物性消化是指在体内微生物的参与下，将食料分子由复杂到简单的过程，直至能被机体吸收利用。这种消化方式对于草食动物至关重要，因为它们的体内消化液中不含有纤维素酶，而饲料中含有大量的纤维素和半纤维素。因此，微生物在体内对纤维素的分解具有显著的意义，有助于提高饲料的利用效能。

机械性、化学性和生物性消化方式之间存在紧密联系，相互影响且同时进行。机械性消化为化学性和生物性消化提供条件，促使食物更好地与消化液混合、贴近消化道壁并逐渐后移。同时，化学性和生物性消化的进行程度也在一定程度上影响机械性消化，通过调节机械性消化的速度和力度来适应消化系统的需求。

在一系列消化活动的作用下，饲料中的蛋白质被分解为氨基酸，脂肪分解为甘油和脂肪酸，糖类分解为单糖（纤维素分解为低级脂肪酸）。随后，这些分解产物以及无需改变化学结构的维生素、无机盐、水分等一同被消化管黏膜上皮吸收。不能被消化吸收的物质形成粪便，最终排出体外。

二、消化管各部分的消化特点

（一）口腔的消化

动物的消化过程起始于口腔，主要包括机械性消化和部分化学性消化。

1.机械性消化

口腔的功能包括采食、饮水、咀嚼、混合唾液和形成食丸。

采食主要依赖视觉和嗅觉，而摄取食物和水则通过唇、舌、齿的协同作用。在口腔内，通过味觉和触觉对食物进行评估和选择，适合者通过咀嚼形成食丸向后推送，不适者被排出口外。

咀嚼在消化过程中扮演关键角色。它不仅能够破碎食物，特别是对于植物性饲料，有助于破坏植物细胞壁，增大受消化液作用的表面积，还能通过刺激口腔内感受器引发反射机制，促使各种消化液的分泌和胃肠运动，为食物的更深层次消化做好准备。

2.化学性消化

口腔化学性消化的核心在于唾液的作用。唾液是一种由唾液腺分泌的无色、略带黏性的液体,具有一定的相对密度和碱性。其 pH 值随不同动物的饲料而变化,但一般在碱性范围内。唾液的分泌量因动物种类而异,牛、绵羊、猪、马分别为 100~200 L、8~13 L、15 L、40 L。唾液的主要成分包括水、少量有机物和无机物。水占唾液成分的绝大部分,占据 98.5%~99.4% 的比例。有机物主要包括黏蛋白和溶菌酶,而猪和马的唾液中还含有少量淀粉酶。无机物方面,主要包括氯化钠和碳酸氢钠等成分。

唾液在口腔消化中扮演着多重关键角色。首先,它通过湿润和软化饲料,促进咀嚼和吞咽,同时溶解可溶物质刺激味蕾,引发食欲和反射活动。唾液中的黏蛋白有助于食物形成食团,便于吞咽。其次,唾液中的碱性物质能中和胃酸,特别对于反刍动物,有维持瘤胃正常消化的关键作用。再次,含有淀粉酶的唾液在中性或微碱性环境下可分解淀粉,促进消化。最后,唾液中的溶菌酶对杀死病菌起到防御作用,舔伤口时则具有冲淡、中和消毒灭菌的效果。对于一些动物,唾液还可在高温环境下通过分泌散热。

(二)咽和食管的消化

咽和食管作为食物通过的通道,其主要功能是通过运动将食物向后推移,而并非进行其他消化过程。在这两个器官中,食物并不停留,而是通过肌肉的收缩和舒张等运动促使食物顺利地从口腔经过咽部到达食管,最终进入胃部。这一过程主要由机械运动完成,没有涉及食物的化学性消化。因此,咽和食管在整个消化系统中扮演着食物传递的通道角色,而非进行食物消化和吸收的地点。

(三)胃的消化

1.单室胃的消化

食物经过食管流入胃中后,会经历两个至关重要的消化阶段:化学性消化和机械性消化。

(1) 化学性消化

单室胃动物的化学性消化过程主要依赖于胃液中的多种成分，包括盐酸、消化酶、黏蛋白和电解质。这种酸性液体的 pH 值在 0.5～1.5 之间，使得食物能够在其中受到有效地分解。通过消化酶的作用，食物中的大分子物质被逐步降解成小分子，为后续的吸收和利用提供了基础。

盐酸在胃的消化过程中扮演多重角色，从胃腺中的壁细胞分泌出来。首先，它是胃蛋白酶原的致活剂，为蛋白质的分解提供了必要的酸性环境。其次，盐酸的浸泡作用使蛋白质发生膨胀变性，有助于酶的高效消化。再次，盐酸还具有杀死进入胃的细菌的作用，从而保护机体免受侵害。最后，盐酸进入小肠后，激发了胰液和胆汁的分泌，促使胆囊收缩，有助于小肠的消化过程。

胃消化酶是由胃底腺腺细胞分泌的一类酶，包括胃蛋白酶、凝乳酶和胃脂肪酶。胃蛋白酶的作用是将蛋白质分解为蛋白胨和蛋白脉，但其需在盐酸的存在下才能成为活性酶。凝乳酶主要用于乳汁的凝固，通过使结构膨胀和疏松，延长乳在胃内停留的时间，增强胃液对乳的消化。而胃脂肪酶则是存在于肉食动物胃中的少量丁酸甘油酯酶，用于分解乳脂的主要成分。

胃液中的黏液主要由颈黏液细胞分泌的黏蛋白组成，形成一层厚度约为 1.0～1.5 mm 的中性或弱碱性黏液层。这一层黏液覆盖在胃黏膜的表面，具有双重功能：一方面，它起到保护作用，防止胃壁受到饲料的机械损伤；另一方面，黏液中和胃酸，避免胃蛋白酶对胃壁的消化，从而有效保护胃黏膜的完整性。

胃液的分泌受到神经和体液因素的调节，而饲料的特征作为刺激物对胃液分泌产生显著影响。胃腺表现出惊人的适应性，长期饲喂特定饲料或采用固定饲养管理制度可以使胃腺的分泌活动形成定型。然而，改变饲养制度时需要谨慎，因为骤然的变化可能会超过胃腺的适应能力，导致消化功能的紊乱。因此，在畜牧生产中，改变饲养制度时需缓慢进行，以避免对胃腺适应性的超负荷影响，从而确保畜禽的消化功能维持在良好状态。

(2) 机械性消化

胃的机械性消化主要依靠紧张性收缩和蠕动。在咀嚼和吞咽时，胃底部和体部受到迷走神经的调控而发生容纳性舒张，使得食物在胃内逐层排列，先进入的食物位于周围，后进入的位于中间。当胃充满食物时，虽然胃壁肌肉伸长到很大的生理限度，但肌纤维的张力不增加，因此胃内压力增加较小，这种机制确保了胃拥有较大的容量，能够适应储存大量食物的需要。这一过程保证了胃的顺畅功能，使其能够有效地处理食物并满足消化系统的需求。

饮食后不久，胃开始经历紧张性收缩，表现为整个胃壁持续而缓慢的长时间收缩，逐渐增强。这一过程导致胃内压力逐渐上升，促使胃液渗入食物中，并协助推动食物朝着幽门方向移动。这种紧张性收缩是胃在食物消化过程中的重要机制之一，确保了有效的混合和推动，为食物在胃内的进一步处理提供了必要的物理条件。

胃蠕动是指胃壁肌肉不断进行舒张与收缩的运动，形成的蠕动波从贲门开始向幽门方向传播。初始时，蠕动波较为细小而浅，随着波动的传播到胃的中部，蠕动逐渐加强，到达幽门部时则变得强有力。这一运动有两个主要效果：一方面，促使胃内容物和胃液充分混合；另一方面，将混合后的物质推向十二指肠。胃蠕动在胃的正常功能中发挥着重要的作用，确保了食物在胃内的有效处理和顺利进入下一阶段的消化过程。

胃的排空是指胃内食糜通过幽门进入十二指肠的过程，通过多次幽门的分批开放来实现。幽门的开放受到多种因素的调控，其中最主要的是幽门两侧的压力差和酸度比。当胃内压力或酸度高于十二指肠时，会引起幽门括约肌的反射性松弛并开放，促使胃内容物排空；相反，当条件不满足时，胃内容物的排空受到抑制。这一排空机制确保了食物在适当时机和条件下离开胃，并进入下一阶段的消化过程。

猪和马的胃消化具有两个显著特点：首先，它们的胃内容物不容易完全排空，常有饲料残留，因此液分泌是连续的。其次，除了在幽门部可以混合外，其他部位的饲料呈分层排列状态。这种状态使得胃液不能迅速浸透饲料，使混有唾液的饲料在中心和无腺部保持较长时间的中性、弱碱性环境，为淀粉酶提供适宜的消化环境，因此在这里进行糖类的消化。而在饲料的外层和胃底部，由于混有大量胃液，可以使胃蛋白酶发挥作用，将蛋白质分解为蛋白胨和蛋白胨。这些特点保证了在猪和马的胃内，食物得到充分地混合和适宜的消化环境，从而促进了有效的消化和养分吸收。

猪的胃消化呈现明显的年龄特征。仔猪在出生后，胃内缺乏盐酸，通常需要20天龄后才会有少量游离盐酸出现。这时，胃液中的蛋白酶才开始具备一定的消化能力。随着时间的推移，胃液中的盐酸含量逐渐增加，直至断奶时接近成年猪的水平，但胃蛋白酶的消化能力在3月龄时才与成年猪相似。这种年龄特征表明猪胃消化功能在生长发育过程中逐渐成熟，为不同阶段的饮食需求提供了适应性。

2.多室胃的消化

多室胃和单室胃在消化过程中的主要差异在于前胃的结构和功能。多室胃中的第四胃主要负责化学性消化，与单室胃相似，但盐酸浓度较低，凝乳酶的含量较多。由于前胃的不断运动，导致半流体食糜持续进入皱胃，使得皱胃内胃液分泌是连续的。在皱胃中，特别是在幽门部，运动表现为强烈的收缩波，随着幽门部的蠕动，胃内食糜不断地被送入十二指肠。这一结构和功能的差异确保了多室胃对食物更加充分和复杂的消化过程。

反刍动物的前胃在整个消化过程中扮演着关键的角色。大约70%～85%的可消化干物质和50%的粗纤维都在反刍动物的瘤胃中进行生物学消化。这一过程依赖于瘤胃内的微生物，使瘤胃成为反刍动物生物学消化的主要场所。网胃的作用相当于一个"中转站"，将需要反刍的饲料返回到瘤胃，同时将较为稀软的饲料输送到瓣胃。瓣胃则充当"滤器"的角色，在收缩时将饲料中的较稀软部分送入皱胃，继续进行化学性消化，而将粗糙的部分留在叶片间揉搓研磨，以促进下一步的持续消化。这一复杂而高效的前胃系统确保了反刍动物对不同饲料的全面消化和养分吸收。

（1）瘤胃的生物性消化

瘤胃内的环境为微生物提供了理想的生长条件，包括大量的有机物和水，中性pH（7.2）以及适宜的温度（39～41 ℃）。据测定，每克瘤胃内容物中含有15亿～25亿的细菌和60万～180万的纤毛虫，它们的总体积占瘤胃液的3.6%，其中细菌和纤毛虫各占一半。在这些微生物的协同作用下，瘤胃内的饲料经历了复杂的消化过程。这一微生物群体对于反刍动物的消化吸收提供了关键的支持，使得它们能够有效地利用不同种类的饲料。

纤维素是反刍动物饲料中的主要糖类物质，通过瘤胃内的细菌和纤毛虫体内的纤维素分解酶逐级分解。这一过程最终产生挥发性脂肪酸（VFA），包括乙酸、丙酸、丁酸和少量高级脂肪酸。每昼夜产生的 VFA 为牛提供了 25.08～50.15 MJ 的能量，占机体所需能量的 60%～70%。其反应过程如下：

$$纤维素 \rightarrow 纤维二糖 \rightarrow 葡萄糖 \rightarrow \begin{bmatrix} 丙酸 \\ 乳酸 \end{bmatrix} \rightarrow VFA + CH_4 + CO_2$$

瘤胃内的微生物不仅具有分解纤维素的能力，还能分解淀粉、葡萄糖和其他糖类，产生低级脂肪酸、二氧化碳和甲烷等。更重要的是，这些微生物能够利用饲料分解产生的单糖合成糖原，并储存在微生物体内。当这些微生物进入小肠被消化后，储存的糖原会被分解为葡萄糖，成为反刍动物体内葡萄糖的重要来源之一。这一过程为反刍动物提供了多样的碳源和能量来源，支持其对不同类型饲料的高效利用。

反刍动物能够充分利用饲料中的真蛋白质和非蛋白氨，形成微生物蛋白质供机体利用。然而，瘤胃微生物对饲料蛋白质有强烈的分解作用，大约50%～70%的蛋白质在瘤胃微生物蛋白分解酶的作用下分解为氨基酸。这些氨基酸在微生物脱氨酶的作用下快速脱去氨基，生成氨、二氧化碳和有机酸，降低了饲料蛋白质的利用率。为提高蛋白质利用率，近年来一些研究者采用甲醛溶液或鞣酸等预处理饲料蛋白质的方法。经过预处理后，饲料蛋白质被瘤胃微生物分解的量显著降低，从而提高了日粮中蛋白饲料的利用率。

瘤胃微生物不仅能够利用饲料中的氨基酸合成自身蛋白质，还能利用氨或其他非蛋白氨合成氨基酸，并进一步合成微生物体内的蛋白质。尤其是对于尿素，微生物的尿素酶能够迅速将其分解为二氧化碳和氨，随后合成微生物体内的蛋白质。当这些微生物进入小肠被消化吸收时，它们成为机体内蛋白质的重要来源。一些研究者尝试使用尿素喂养牛，成功降低了饲料蛋白的供给量，从而降低了饲养成本。这一发现为提高畜禽饲养效益提供了一种潜在的经济有效的途径。

瘤胃内的微生物能够自主合成 B 族维生素（硫胺素、核黄素、生物素、吡多醇、泛酸和维生素 B_{12}）以及维生素 K。这意味着，一般情况下，即使日粮中缺乏这些维生素，成年反刍动物也不会受到健康影响。微生物的这一合成能力为反刍动物提供了一种在日常饮食中满足这些关键维生素需求的机制。

（2）前胃的机械性消化

前胃的运动是由前三个胃室密切协调完成的。网胃首先经历连续两次收缩，第一次减少50%容积，然后舒张，接着进行第二次强力收缩，使网胃内腔几乎全部消失。在这个过程中，一部分内容物被压迫返回瘤胃，另一部分进入瓣胃。这种双相收缩通常每隔30～60 s重复一次。在反刍时，网胃在第一次收缩前还会发生附加收缩，将内容物逆呕至口腔，因此有人将这次收缩称为逆呕收缩。这一协调的前胃运动确保了食物在前胃内的有效混合和处理。

在网胃进行第二次收缩时，瘤胃也参与收缩，有两种方式：A波和B波。A波从瘤胃前庭开始，依次沿着背囊和腹囊进行收缩，推动瘤胃内的内容物按照特定的顺序和方向移动和混合。此外，瘤胃还可能发生单独的B波收缩，这一收缩与反刍和嗳气有关，与网胃的收缩没有直接联系。这种复杂的瘤胃运动确保了食物在前胃内的有效处理和混合。

瘤胃收缩可在左髂部观察、听到或摸到，休息时平均每分钟1.8次/min，进食时平均每分钟2.8次，反刍时平均每分钟2.3次，每次运动持续15～25 s。产生的音响被称为瘤胃蠕动音，正常生理蠕动音为"沙——沙"声。这些音响的变化直接反映了瘤胃消化功能的状态，为监测反刍动物的健康提供了有用的指标。

瓣胃以缓慢而有力的运动配合网胃的收缩。当网胃收缩时，瓣胃底升高至网膜的水平，同时开放网瓣口。随后，瓣胃舒张，降低压力，使部分食糜从网胃进入瓣胃。其中，液体部分通过瓣胃沟直接进入皱胃，而较粗糙的食糜则进入瓣胃叶片面，在进行研磨和筛滤后再被送入皱胃。这种协调的前胃运动确保了食物在前胃内的有效处理和转运。

（3）食管沟的作用

食管沟起自贲门，止于网瓣口，与瓣胃沟相连。在犊牛和羔羊吸吮汁或饮料时，能引起食管沟的反射性闭合，使乳汁或饮料由食管沟经瓣胃沟进入皱胃。这种反射闭合的感受器主要分布在唇、舌、口腔和咽腔的黏膜上，传入神经为舌神经、舌下神经和三叉神经。因此，用桶给犊牛喂乳时，缺乏吸吮刺激可能导致食管沟闭合不全，使部分乳汁溢入瘤胃和网胃，引发异常发酵，导致腹泻。

(4) 反刍和嗳气

反刍动物采食时通常未经充分咀嚼即匆匆吞咽，食料进入瘤胃后在休息时逆呕回口腔，进行仔细咀嚼、混合唾液后再次咽下，形成反刍过程。第二次咽下的食物进入瘤胃前庭，其中较细的部分可进入瘤胃，而较粗的部分则与瘤胃内容物混合。

反刍是一种与动物采食粗饲料相关的生理现象。犊牛在出生后 3~4 周开始出现反刍，其出现时间与采食粗料的时间有关。通过早期训练，可以促使犊牛早期采食粗料，从而提前观察到反刍的出现。成年动物通常在饲喂后 0.5~1 h 出现反刍，每次平均为 40~50 min，然后经过一段时间间隔后再开始下一次反刍。一天中进行 6~8 次反刍，每天用在反刍的时间为 7~8 h。

反刍是反刍动物的重要生理功能，通过一系列复杂的反射动作完成。这一过程包括感受器、胃肠道和食管的协调作用，将食物逆向传送至口腔，进行重新咀嚼、混合唾液，并中和胃内产生的有机酸。同时，反刍还有助于排出瘤胃内的气体，促进食物向后部消化道推进，从而帮助动物更有效地消化和利用食物。

牛的瘤胃在消化过程中通过微生物发酵产生气体，维持体内气体平衡。嗳气是这一生理过程的表现，不仅帮助排出气体，还促进食物的发酵和可消化性，为牛提供足够能量和养分。深刻理解这一现象有助于科学管理牛的饮食，维护其健康状态。

嗳气是一种反射性动作，其触发机制是气体对瘤胃背囊壁产生的压力。当这种压力上升时，会触发背囊前、后肌柱的收缩，从而将气体推向贲门区。一旦食管括约肌放松，气体得以进入食管。紧接着，贲门括约肌关闭，食管肌进行强烈收缩，推动食管内的气体进入咽部。在这个过程中，鼻咽部括约肌会关闭，导致气体一部分通过口腔排出，另一部分则通过张开的喉口进入呼吸道，并最终通过肺毛细血管被吸收进入血液。

(四) 小肠的消化

小肠具有广大的消化吸收面积和丰富的消化酶，同时提供了适宜的消化吸收条件，使其成为营养物质的主要消化与吸收场所。因此，小肠在整体消化过程中占据了至关重要的地位。

1.化学性消化

小肠内的化学性消化，主要包括胰液、胆汁和小肠液的作用。

（1）胰液

胰腺的外分泌部分不断产生胰液，这种碱性液体通过胰导管流入十二指肠。胰液清澈透明，pH 为 7.8～8.4，其渗透压与血浆保持平衡。除了基本的水和电解质成分，胰液还含有丰富的有机物，特别是多种消化酶。这些消化酶中，蛋白类酶占据重要地位，包括胰蛋白酶、糜蛋白酶和羧肽酶等。这些酶在初分泌时均以酶原形式存在，胰蛋白酶原能够通过自动催化或肠激酶的作用转化为活性形式，而糜蛋白酶原和羧肽酶原则需要胰蛋白酶的激活。胰蛋白酶和糜蛋白酶协同工作，将蛋白质分解为多肽，随后羧肽酶将这些多肽进一步水解为氨基酸。此外，胰液中还有脂肪酶，如胰脂酶，该酶能被胆汁中的胆酸盐激活，从而分解脂肪为脂肪酸和甘油。糖类酶，特别是胰淀粉酶，在氯离子和其他无机离子的辅助下被激活，将淀粉或糖原分解为糊精和麦芽糖。胰液中还包括麦芽糖酶、蔗糖酶、乳糖酶等双糖酶，它们能够将双糖分解为单糖，以维持机体对能量的需求。

（2）胆汁

胆汁是一种由肝脏产生的弱碱性液体，具有鲜明的苦味和特定的酸碱度（pH 7.4～7.8）。胆汁的颜色因动物的食性而异，草食动物的胆汁呈暗绿色，而肉食动物的胆汁则呈红褐色，猪的胆汁则呈现出樱黄色。胆汁离开肝脏后，通过肝管直接进入十二指肠（如马和骆驼），或在胆囊中储存（如牛、猪、羊等），并在需要时通过胆囊的收缩进入十二指肠。尽管胆汁本身不含消化酶，但它在消化过程中起着至关重要的作用。

（3）小肠液

小肠液是由小肠黏膜内各种腺体所分泌出的混合液体，其颜色通常为无色或灰黄色，并呈现出碱性反应。小肠液中含有多种消化酶，这些酶类在小肠的消化过程中发挥着重要的作用。其中，肠激酶能够激活胰蛋白酶原，肠肽酶和肠脂肪酶（数量较少）则参与蛋白质的分解和脂肪的消化。此外，小肠液还含有双糖酶，能够分解双糖为单糖，以供身体吸收利用。除此之外，小肠液中还含有一些分解核蛋白质的酶类,如核酸酶、核苷酸酶和核苷酶等,这些酶类能够分解核酸和核苷酸,从而参与核酸的代谢过程。

在小肠的起始部分,十二指肠腺产生一种高黏性的碱性液体分泌物。这种分泌物不仅包含之前提到的消化酶,还在小肠黏膜表面形成一道防护屏障,用以对抗进入小肠的酸性食糜。这一屏障能够有效地中和酸性食糜,从而防止其对小肠壁造成损害。通过这种方式,十二指肠腺的分泌物在维护小肠健康方面发挥着重要作用。

2.机械性消化

小肠的运动主要由其肠壁内两层平滑肌的协同作用来实现。当食糜进入小肠后,它能有效地刺激肠壁,从而促进小肠运动的增强。以下是小肠运动的主要形式:

(1)节律性分节运动

这种运动以环形肌肉的收缩和舒张为主导,呈现出一种节律性的活动模式。在有食糜的肠道中,环形肌肉会在多个点同时收缩,将食糜划分为多个小段。随后,原先收缩的部分会放松,而原先舒张的部分则会收缩,导致原先形成的食糜段再次被分为两部分。接着,这两部分会重新组合,形成一个新的段落。这个过程会不断重复,使食糜在肠道中不断地被分割、重组。

这种运动在一个肠道段内会持续一段时间,通常为数十分钟。随后,食糜会被推进到下一个肠道段,继续进行类似的运动。这种活动不仅有助于食糜与消化液的充分混合,提高化学消化效率,而且还确保食糜与肠壁充分接触,为营养物质的吸收创造了有利环境。此外,这种活动还能够对肠壁产生挤压作用,促进血液和淋巴液的回流。

(2)钟摆运动

钟摆运动主要是依靠纵行肌的规律性伸缩来完成的。在这个过程中,某一段肠道会交替地伸长和缩短,导致食糜在肠道内部进行来回地摆动,而不是持续向前推进。这种运动方式的意义与分节运动相似,有助于食糜在肠道内的均匀分布和混合。通过钟摆运动,食糜可以更有效地与肠道内的消化酶接触,从而促进食物的消化和吸收。这种运动方式也有助于防止食物在肠道内滞留过久,减少便秘等消化问题的发生。总之,钟摆运动是肠道内一种重要的运动方式，对于维持正常的消化功能具有重要意义。

（3）蠕动和逆蠕动

蠕动是小肠环状肌的有序协同收缩与舒张，形成如蠕虫般的波动运动，其主要目的在于推动食糜在肠道内向前传输。这种生理现象确保了食物在肠道内的有效混合和推进，为充分消化和吸收提供了必要的机制。

小肠蠕动表现为缓慢而短距离的波动，每次只能将食糜推进数厘米，确保其在肠道内向后移动，进入新的肠段，并启动分节运动和钟摆运动。另外，肠道还可能出现迅速而较远距离的蠕动，为整体肠道运动提供了一种快速而有效的推进机制。这种复杂而协调的运动方式有助于食物在小肠内的全面混合、分解和吸收。

逆蠕动是一种与正常蠕动方向相反但与之协调的运动，通过延长食糜在小肠内的停留时间，促进了小肠内的更充分消化和吸收过程。这种协同作用确保了食物在小肠内得到充分处理，为身体有效利用营养提供了良好的条件。逆蠕动与正常蠕动的有机配合展示了小肠在维持良好消化功能方面的复杂而协调的生理机制。

（五）大肠的消化

在小肠完成主要的消化吸收后，未被吸收的食糜进入大肠。大肠腺只能分泌有限的大肠液，不包含消化酶，因此大肠的消化主要依赖于随食糜而来的小肠消化酶，同时也依赖于大肠内的微生物，包括细菌和纤毛虫，进行生物学消化。这种复杂的协同作用确保了未消化的食物在大肠内得到进一步分解和利用，为废物的排除和水分的重吸收提供了必要的条件。

大肠蠕动缓慢，使得食糜停留时间延长，创造了适宜微生物繁殖的环境，包括水分充足、适宜的温度和酸碱度。大肠内活跃的微生物，如大肠杆菌、乳酸杆菌和发酵杆菌等，参与纤维素的发酵分解，产生有益的低级脂肪酸和气体。低级脂肪酸被吸收供机体利用，而气体则通过肛门排出。此外，大肠内细菌还合成B族维生素和维生素K，为机体的健康提供了额外的支持。

未被小肠吸收的蛋白质在大肠内可能发生腐败分解，产生有毒物质，部分排出体外，部分进入血液经肝解毒后排出。若毒物过多，可能引起自体中毒。正常情况下，大肠内的酸性物质可抑制腐败菌，减少毒物生成。饲料突变可能导致微生物种类和数量的变化，引起异常发酵和腐败，导致肠臌气和自体中毒。因此，科学的饲养管理和饲料配制对于预防疾病、促进健康至关重要。

反刍动物对纤维素的消化和分解主要依赖于瘤胃的作用，而大肠内仅对极少量未完全消化的纤维素进行补充性的分解。这种分工协作确保了充分利用纤维素，并使得反刍动物能够更有效地获取来自植物材料的营养。

马属动物由于单室胃的结构，使得纤维素的消化主要发生在庞大的大肠中。盲肠和大结肠在这一过程中成为主要的纤维素分解和消化场所，而小肠则不再参与消化，仅负责吸收水分，最终形成粪便。

猪对纤维素的消化主要依赖于大肠细菌的发酵作用。这种生理特征使得猪能够利用细菌在大肠内的活动来分解和消化纤维素，从而获取植物材料中的营养。

大肠的运动模式类似于小肠，但速度较慢、强度较弱。有时会发生集团蠕动，即数段肠管同时进行较快的蠕动，旨在促使食糜迅速向后移动。这种协调的运动机制有助于维持大肠内食物的顺利推进和排泄。

肠音是由于大肠和小肠的运动引起的，表现为肠腔内内容物移位而产生的声音。小肠音通常为流水音或含漱音，而大肠音因其宽大的肠腔而呈现雷鸣音或远炮音。通过听诊肠音，医生可以了解肠道的运动状况，这对于临床诊断具有重要的参考价值。

三、消化管各部分的吸收特点

吸收是机体与外界环境交换物质的关键环节，直接影响生命活动。消化管吸收不仅涉及各种营养物质的吸收，还包括对体内分泌的消化液的重吸收，以避免有用物质的大量流失。这一过程尤其重要，因为动物每天分泌的消化液中含有大量水分、无机盐和有机物，如果不被重吸收，将严重危及环境的相对稳定，对生命构成威胁。

（一）吸收的部位

有机体的消化系统中，不同部位因消化程度、组织结构、食糜成分和停留时间的差异,吸收速度也各异。口腔和食管基本上不吸收;单胃的吸收较为有限,主要涉及少量水分、醇类和电解质;反刍动物前胃能吸收大量低级脂肪酸和氨;肉食动物的大肠主要吸收水分和盐类;而草食动物,特别是单室胃动物的大肠,具备吸收各类营养物质的能力,尤其擅长消化吸收纤维素。

小肠是主要的吸收部位,其长长度和延长的食糜停留时间为有效吸收提供了条件。小肠黏膜的复杂结构,包括环状皱褶、指状绒毛和纹状缘,使吸收面积显著增加。小肠绒毛通过规律性的伸缩和摆动,在收缩时促进血液和淋巴液的流动,而在舒张时形成负压,从肠腔内吸收消化好的物质,为高效的吸收提供了生理基础。

（二）吸收机理

在胃肠道内,营养物质的吸收主要以被动性转运和主动性转运两种方式进行。这两种方式共同构成了胃肠道对各种营养物质的高效吸收机制。

1.被动转运

被动转运涵盖滤过、弥散和渗透三种过程。滤过利用通透膜两侧的流体压力差,使水分和物质进入血液和淋巴液。弥散是在相等压力但不同浓度条件下,溶质分子自高浓度向低浓度弥散。渗透是弥散的一种特殊情况,当通透膜两侧的溶液浓度不同,高浓度侧的水分被吸引到低渗透压侧,直至达到渗透压平衡。这些被动转运过程形成了胃肠道内的有效吸收机制。

2.主动转运

胃肠黏膜上皮是一种生物膜,拥有选择性通透的特性,能够区分不同溶质的通透速度,实现对物质的选择性吸收。例如,己糖分子尽管较大,但其吸收速度却比戊糖更快;己糖、葡萄糖和半乳糖的吸收速度相对较快,而果糖的吸收较慢。当肠黏膜受到毒物损害时,其选择性可能减缓,而细胞中毒则会导致选择性消失,吸收过程将按照被动转运的理化过程进行。主动转运依赖于肠上皮细胞的主动性活动,如载体的活动,需要消耗能量,从而实现逆电学梯度的运转。

（三）各种营养物质的吸收

1.糖类的吸收

饲料中的主要糖类包括淀粉和纤维素。淀粉在小肠内经酶的作用分解为单糖，在吸收后进入血液循环。纤维素则在大肠和反刍动物的瘤胃内经微生物作用形成低级脂肪酸和葡萄糖等，然后被吸收。吸收后的糖类大部分经过肝脏转运进入血液循环，少部分通过淋巴循环再次进入血液循环。

2.蛋白质的吸收

蛋白质在胃中分解不完善，主要在小肠被吸收。小肠末端时，氨基酸已完全被吸收，进入肝脏经门静脉进入血液循环。在某些情况下，未经消化的天然蛋白也可微量吸收，例如，新生的哺乳期幼龄动物通过肠黏膜上皮细胞的胞饮作用吸收初乳中的免疫球蛋白。

3.脂肪的吸收

小肠内的脂肪几乎完全水解成甘油和脂肪酸，然后被吸收入肠黏膜上皮细胞，在细胞内重新合成中性脂肪。这些脂肪进入肠绒毛内的中央乳糜管和毛细淋巴管。只有极少量的脂肪在小肠内被乳化成微滴，直接被吸收入肠黏膜上皮细胞。

4.水和无机盐的吸收

水在动物体内主要通过小肠和大肠被吸收，不同动物吸收部位略有不同。无机盐则主要在小肠以溶液状态被吸收，其吸收难易程度取决于盐的种类，易吸收的包括氯化钠和氯化钾，其次是氯化钙和氯化镁，而最难吸收的是磷酸盐和硫酸盐。

（四）粪便的形成和排粪

食糜在经过消化吸收后，未被利用的残余部分进入大肠的后段。在这一部位，大肠大量吸收水分，使内容物逐渐浓缩，形成粪便。最后，粪便被运送至直肠等待排出体外。

排粪反射是一种复杂的动作，直肠内粪便较少时，肛门括约肌收缩，保持粪便在直肠内。随着粪便积聚，刺激肠壁感受器，通过盆神经传递到荐部脊髓的低级排粪中枢，再上行至高级排粪中枢，并通过盆神经传至大肠后段，引发肛门内括约肌舒张、直肠壁肌肉收缩和腹肌的收缩，从而增加腹压进行排粪。因此，腰间部脊髓损伤可能导致排粪异常。

项目五　呼吸系统

任务一　呼吸器官

呼吸是动物与外界进行气体交换的重要过程，涉及吸入氧气和呼出二氧化碳。呼吸系统包括鼻腔、咽、喉、气管、支气管和肺。呼吸道负责保障气流通畅，而肺是气体交换的主要场所。呼吸系统在辅助器官的协助下共同实现呼吸功能。

一、鼻腔

动物的鼻腔由鼻中隔分为左右两半，前部有鼻孔和鼻翼，后部有鼻后孔。不同动物的鼻腔形态差异明显，牛的鼻翼厚实，形成鼻唇镜，而羊和猪的鼻孔分别形成鼻镜和吻镜。

鼻腔侧壁上、下鼻甲骨的存在将每侧鼻腔分为上、中、下三个鼻道。上鼻道通向鼻黏膜的嗅区，中鼻道通向鼻旁窦，而下鼻道最宽大，是从鼻孔到咽的主要气流通道。鼻中隔两侧面与鼻甲骨之间形成总鼻道，与上、中、下三个鼻道相互连接。

鼻腔内分为前庭、呼吸区和嗅区。前庭区在鼻孔内，由面部皮肤覆盖，生有鼻毛，用于过滤空气。呼吸区在鼻道，黏膜富含血管和腺体，可净化、湿润和温暖吸入的空气。嗅区位于筛骨鼻侧，黏膜形成嗅褶，内含嗅细胞，感受嗅觉刺激。

头骨中的一些部位在两层骨板之间形成空腔，称为鼻旁窦或鼻旁窦，它们与中鼻道相通。鼻旁窦内含有丰富的血管，并与鼻腔的呼吸区黏膜相连。鼻旁窦有助于减轻头骨的重量，同时温暖和湿润空气，还对声音的共鸣起作用。家畜主要的鼻旁窦包括额窦和上颌窦，牛的额窦较大，与角突的腔相通。

二、咽

动物咽是一个位于口腔、鼻腔后方，喉和食管前上方的关键部位，它充当着消化和呼吸两个生命活动的重要通道。咽部的结构和功能对于动物的生存至关重要，它不仅是食物和空气的必经之路，还参与了许多其他生理活动。

首先，作为消化通道，咽部是食物从口腔进入消化道的必经之路。在动物进食时，食物经过口腔的咀嚼和唾液的初步消化后，通过咽部进入食管，再经过胃、小肠等消化器官进一步分解和吸收。咽部的收缩和舒张功能对于食物的顺利进入食管起到了关键作用。此外，咽部还通过分泌唾液等消化液，帮助食物在口腔中进行初步的消化。

其次，作为呼吸通道，咽部是空气从鼻腔或口腔进入肺部的必经之路。在呼吸过程中，空气经过鼻腔或口腔的过滤和加湿后，通过咽部进入喉部，再经过气管和支气管进入肺部进行气体交换。咽部的结构和功能对于保持呼吸道的通畅和防止异物进入肺部具有重要作用。

最后，咽部还参与了其他一些生理活动。例如，咽部是发声的共鸣腔之一，它通过与喉部、口腔等部位的协同作用，产生了动物的叫声和语音。此外，咽部还参与了吞咽反射、咳嗽反射等生理反射活动，这些反射活动有助于保护呼吸道和消化道的健康。

三、喉

喉是既起到呼吸通道的作用又担当发声器官的结构，位于下颌间隙后方，头颈交界的腹侧。它连接咽部前方，后方与气管相接。喉由喉软骨、喉肌和喉黏膜组成。

喉软骨是喉部的骨架，由环状软骨、甲状软骨、会厌软骨和杓状软骨四种五块软骨组成。这些软骨构成了喉的结构框架,其中环状软骨和甲状软骨位于喉的后部和底部侧壁,而会厌软骨和杓状软骨位于喉的前部,并共同形成喉口,与咽相连。会厌软骨的前端可以活动并向舌根翻转,在吞咽时可以覆盖喉口,防止食物误入气管。这些软骨通过关节和韧带相互连接。

喉肌附着于喉软骨的外侧,具有调整和改变喉部形状的功能。这些肌肉的收缩和放松能够影响喉的结构,对呼吸和发声起到重要的调节作用。

喉内腔被称为喉腔,其表面被黏膜覆盖。喉腔中部的黏膜形成一对被称为声带的皱褶,声带之间形成声门裂,气流通过时声带振动,产生声音。喉黏膜富含感觉神经末梢,受到刺激时会引起咳嗽反射,有助于将异物排出。

四、气管和支气管

气管位于颈、胸椎腹侧,前端与喉相连,后端进入胸腔。在胸腔中,气管分为右尖叶支气管和左、右支气管,它们分别进入左、右两肺,形成支气管树,构建起呼吸系统的分支结构。

气管是一种圆筒状的结构,由多个"C"形的气管软骨环相互连接而成。从内到外,气管壁可以被分为三个层次:黏膜、黏膜下层和外膜。黏膜部分包括黏膜上皮和固有膜,其中黏膜上皮是由柱状纤毛上皮和杯状细胞组成的假复层结构。杯状细胞可以分泌黏液,有助于吸附空气中的尘粒和细菌。纤毛则会向喉部方向摆动,将黏液推向喉腔,并通过咳嗽排出体外。黏膜下层主要由疏松结缔组织构成,其中含有气管腺、血管和神经等结构。外膜则是由气管软骨环以及环与环之间的结缔组织所组成。

支气管壁的结构与气管壁相似,也包含类似的层次和组织。

五、肺

(一)肺的位置、形态和结构

肺分布于胸腔内,左右对称,右肺通常较大,占据胸腔的主要部分。

肺部结构复杂，左、右两肺均具备三个面（肋面、纵隔面和膈面）及三个缘（背缘、后缘和腹缘）。肋面处于外侧，略显凸状，与胸腔侧壁紧密相连，并带有肋压迹。纵隔面则位于内侧，与纵隔接触，前部区域有心压迹，而后上方则是肺门所在，这里是支气管、肺血管、淋巴管和神经进出肺部的关键通道。膈面则位于后下方，形态较为凹陷，与肠肌相接触。

背缘嵌入肋椎沟内，形态较长且圆钝，在体表的投影表现为一条略沿胸椎前倾延伸的连线。具体来说，在牛身上这条线从第1肋的1/2处延伸至第12肋骨的上端，而在马身上则是从第1肋的1/2处延伸至第17肋骨的上端。后缘则位于肋膈窦内，形态较薄且锐利，在体表的投影为一条前倾下弧线。在牛身上，这条线从第4肋间隙延伸至第12肋骨的下端，而在马身上则是从第6肋软骨的下端延伸至第17肋骨的上端。

这两条线，即背缘和后缘的体表投影，为临床上确定肺区的位置提供了重要的参考依据。至于腹缘，它位于心包的外侧，并带有心切迹和其他叶间切迹，这些特征使得肺部呈现出分叶的形态。

牛、羊、猪肺可分为七叶，包括左尖叶、左心叶、左膈叶、右尖叶（右尖叶又分前后两部）、右心叶、右膈叶和副叶。而马的肺则合并心叶和膈叶为心膈叶，仅分为五叶。

由于家畜左肺较小，左心切迹深且宽广，使得心脏在胸腔中向左偏移。因此，在兽医临床中，医生通常将左肺的心切迹作为心脏听诊的位置，其上界大约位于肩关节水平线稍下方。

（二）肺组织结构

胸膜覆盖在肺表面，而胸膜下的结缔组织形成肺小叶，其是由细支气管为轴心，包括逐级细化的支气管、肺泡管、肺泡囊和肺泡所组成的独立结构体。肺小叶一般呈星锥体状，底部朝向肺表面，尖端朝向肺门。在家畜中，小叶性肺炎是指肺炎以肺小叶为单位的病变。

肺实质包括肺内各级支气管和肺泡管、肺泡囊、肺泡。

支气管在肺内形成支气管树，分为粗细递减的各级支气管，其中直径在1 mm以下的为细支气管，0.5 mm以下的为终末细支气管，更小直径并与肺泡管相连的被称为呼吸性细支气管。支气管系统的分支结构提供了复杂通道，使气体在肺内流动，支持有效的气体交换。这高度分支的结构为呼吸系统提供了坚实的生理基础，确保了机体对氧气和二氧化碳的有效交换，突显了呼吸系统在生命维持中的关键作用。

各级支气管的管壁结构最初与肺门外支气管相似，但随着支气管逐级变细小，管壁逐渐变薄，结构变得简单。这一变化的特征包括腺体逐渐减少或消失，软骨环逐渐变成碎片并越来越小，最终消失。与此同时，管壁平滑肌相对增多，黏膜上皮也发生逐渐的变化，由假复层柱状纤毛上皮转变为单层柱状纤毛上皮，甚至单层立方上皮。

细支气管壁由于缺乏软骨片的支撑，当某些病因导致管壁平滑肌痉挛时，管腔闭塞，从而引发呼吸困难。这突显了支气管结构的变化对呼吸功能的重要影响，尤其是在细支气管水平上。这种结构的变动使得呼吸系统更为灵活，但也增加了对外部刺激的敏感性，因而对维持正常呼吸过程的稳定性具有重要作用。

呼吸系统中，肺泡管、肺泡囊和肺泡形成了一个复杂而精巧的结构。肺泡管直接与呼吸性细支气管相连，而肺泡囊则是由肺泡管侧壁形成的多个共同开口的大囊。肺泡是在肺泡管和肺泡囊壁上凸起的小泡，其薄而精致的壁由单层扁平上皮细胞构成。肺泡具有多面球体结构，通过与相邻肺泡的肺泡壁形成的肺泡隔，有助于维持肺泡的形态和弹性。肺泡隔内存在丰富的毛细血管网和弹力纤维膜，为肺泡提供了气体交换的理想环境，同时赋予了肺泡优越的弹性，使其在吸气和呼气时能够灵活扩张和回缩。此外，肺泡隔细胞作为吞噬细胞，进入肺泡腔内，履行清除尘粒和病菌的功能。这一精密的结构为肺部的正常功能提供了坚实的生理基础，确保了有效的气体交换和呼吸过程的稳定性。

肺实质结构中，从肺内支气管到终末细支气管的各级管道组成肺的通气部，其主要任务是保障和控制肺通气，但并不参与气体交换。然而，从呼吸性细支气管开始到肺泡，这些结构形成了气血屏障，也称为呼吸膜，为气体分子的自由透过提供了先决条件。呼吸性细支气管、肺泡管、肺泡囊和肺泡共同构成肺的呼吸部，其主要功能是实现肺的重要气体交换过程。这种巧妙的分工和结构设计确保了肺部在通气和气体交换方面的高效运作。

六、胸腔、胸膜腔和纵隔

胸腔是一个特殊形状的胸腔，以胸廓为框梁，附着胸壁肌和皮肤。胸腔的大小可通过胸壁肌群的协同作用进行扩大和缩小，这一运动对于呼吸等生理过程至关重要。胸腔结构的灵活性和可控性使其成为生物体内重要的生理空间。

胸膜腔是位于胸腔内壁面、纵隔表面的狭窄腔隙，由胸膜壁层和胸膜脏层构成，两层之间含有少量浆液，以起到润滑作用。胸膜壁层分为肋胸膜、纵隔胸膜和膈胸膜，而胸膜脏层也被称为肺胸膜。当胸膜腔发生炎症时，可能引起大量渗出液即胸腔积液，或导致胸膜壁层与脏层发生粘连，从而影响动物的呼吸运动。这突显了胸膜结构在呼吸过程中的关键作用，同时也说明了炎症对呼吸功能的不良影响。纵隔是两侧的纵隔胸膜及其之间的所有器官和组织的总称。

纵隔是胸腔内夹有胸腺、心包、心、气管、食管和大血管等结构的区域，位于胸腔的正中，将胸腔和胸膜腔分隔为左右两部。有趣的是，在家畜中，左、右胸膜腔通常互不相通，这种特性在马属动物以外的家畜中普遍存在。这一结构的存在和特性对于动物的生理功能和解剖结构都具有重要的影响。

任务二　呼吸过程及其生理功能

呼吸是动物生命活动中至关重要的特征，涵盖了肺通气、肺换气、气体运输、组织换气四个关键环节。肺通气的发生依赖于呼吸运动，而肺换气和组织换气则取决于呼吸膜和气体分压差，气体运输则依赖于循环中的血流。肺通气和肺换气合称为外呼吸，而组织换气又被称为内呼吸。肺换气和组织换气的共同组成被称为气体交换，这一过程为动物提供了必要的氧气并排除二氧化碳，是维持生命不可或缺的功能。

一、呼吸运动

呼吸运动通过呼吸肌群的协同作用，促使胸腔和肺发生律动性的扩张与缩小，实现吸气和呼气的过程。吸气时，胸腔和肺一同扩大，使空气流入肺泡；呼气时，胸腔和肺一同缩小，将肺泡内的气体推出体外。这种律动性的呼吸运动是肺通气的关键动力，维持了生命活动中必要的氧气供应和二氧化碳排除。

（一）吸气和呼气的发生

1.吸气过程的发生

通过肋间外肌和膈肌的协同收缩，胸腔发生一系列变化，包括肋骨分开、膈顶后移、胸骨下降，从而使肺得以扩张。这引起肺泡内气压的急剧降低，当外界气压高于肺内压时，空气会顺着呼吸道进入肺泡，完成呼吸过程。这一机制实现了呼吸运动中的吸气阶段，为维持生命所需氧气的供应提供了生理基础。

2.呼气过程的发生

呼气过程分为两种情况，首先是在动物平静时，吸气停止后肋间外肌和膈肌迅速舒张，使胸腔和肺迅速收缩，导致肺泡内气压上升，随后气体通过呼吸道排出。其次，在动物剧烈运动或不安静时，除肋间外肌和膈肌外，肋间内肌和腹壁肌群也参与呼气，使胸腔和肺更小，肺内压更高，呼气速度更快且量更大，同时吸气也相应增强。这两种情况反映了呼气过程的灵活性和适应性，以满足动物在不同状态下的呼吸需求。

（二）胸内负压及其意义

动物吸气时，肺能够随着胸腔一同扩张的关键是由于胸内负压的存在。这种负压是由胸膜腔内压略低于外界大气压造成的，而这一机制是在胎儿出生后逐渐发展而来的。胎儿时期，肺是不含气的器官，但随着首次吸气运动的发生，胸腔扩大，使胸膜腔内的脏层部分抵消了外界大气压，导致胸内产生了负压。这一负压现象使得外界空气进入肺泡后，通过肺泡壁作用于胸膜腔的壁层，进一步促使胸膜腔的负压形成。胸内负压可用下列公式表示：

$$胸内负压 = 大气压 - 肺弹性回缩力$$

胸内负压确保了胸膜腔的壁层与脏层浆膜之间产生相互吸引的倾向，使得肺能够随着胸腔的扩张而进行相应的扩大和缩小，保留一定量的余气，有利于持续的肺换气。此外，胸内负压促进了静脉血和淋巴液向心脏区域回流，对于反刍动物的胃内容物逆流到口腔也有积极作用。然而，当胸膜腔破裂导致气胸时，胸内负压消失，使得尽管胸腔仍在运动，由于肺自身的弹性回缩而导致肺通气停止。

（三）呼吸式、呼吸频率和呼吸音

1.呼吸式

动物的呼吸运动包括胸式、腹式和胸腹式三种类型，分别以肋间肌、膈肌，或两者同等程度的运动为主。胸式呼吸以胸廓的显著起伏为特征，腹式呼吸以明显的腹部起伏为主，而胸腹式呼吸则表现为肋间肌和膈肌同等程度的协同运动。在健康的动物中，常见的呼吸方式为胸腹式呼吸，这种平衡的运动模式有助于维持正常的呼吸功能。

动物的呼吸方式常常因其生理状态和疾病而发生变化。怀孕后期或腹部脏器发生异常时，雌性动物倾向于采用胸式呼吸。相反，胸部脏器发生问题时，动物则更倾向于表现为腹式呼吸。仔细观察这些呼吸模式的变化对于准确诊断疾病和判断妊娠状态具有实际的临床意义。

2.呼吸频率

呼吸频率是描述动物每分钟呼吸次数的参数。表 5-1 提供了健康家畜在安静状态下的呼吸频率参考值，对于监测动物的健康状况和呼吸系统功能具有重要意义。

表 5-1 家畜呼吸频率

畜别	猪	羊	牛	马
频率	15～24	10～20	10～30	8～16

呼吸频率受到个体生理状况、外界环境和疾病等多方面因素的调控，因此在诊断过程中应该全面考虑这些因素，并加以区别，以获取更为准确的临床信息。

3.呼吸音

动物在进行呼吸作用时，会在其胸廓外部和颈部气管周围产生三种独特的呼吸声。

（1）肺泡音，其声音特点类似于延长的"V"音，是由肺泡在呼吸过程中的扩张所发出的声响。

（2）支气管音，这种声音类似于延长的"ch"音，是由气流通过声门裂时形成的涡流所产生的。

（3）支气管肺泡音，它是一种混合声音，由肺泡音和支气管音共同产生，通常只在动物患有某些疾病，导致肺泡音或支气管音减弱时才能听到。

（四）呼吸运动的调节

为维持正常呼吸节律，机体通过神经和体液的调节机制，灵活地调整呼吸深度和频率，以适应环境条件或体内代谢的变化。这一调节过程有助于确保肺的通气功能与机体对氧的需求和排除二氧化碳的需要相协调。

二、气体运输

氧和二氧化碳在血液中通过循环系统被输送到两个不同的气体交换部位。这一过程是呼吸系统与循环系统之间密切协调的一部分，确保机体充分供应氧气，同时有效排除二氧化碳。

（一）氧的运输

1.氧的运输路径

氧在肺泡通过气体交换部位进入肺毛细血管，随后通过肺静脉、左心和体循环的动脉血管被输送到体毛细血管，最终通过组织交换供应到组织细胞。

2.氧的运输形式

氧在运输途中大部分靠红细胞中的血红蛋白（Hb）作载体，小部分直接溶解于血浆中。氧刚进入肺毛细血管时，因氧分压（P_{O_2}）较高而立即溶解于血浆并与血红蛋白结合形成氧合血红蛋白。氧被运输到体毛细血管时，因氧分压（P_{O_2}）较低而立即与血红蛋白分离并从溶解状态中游离出来。

（二）二氧化碳的运输

1.二氧化碳的运输路径

二氧化碳在组织换气后进入体毛细血管，通过体循环的静脉、右心和肺动脉被输送到肺毛细血管，最终经过肺换气进入肺泡中。

2.二氧化碳的运输形式

二氧化碳在血液中以三种形式存在，包括直接溶解于血浆中（占2.7%）、与血红蛋白结合，以及与水和钠（钾）形成碳酸氢钠（钾）。二氧化碳被运输到肺毛细血管时，因二氧化碳分压（P_{CO_2}）较低，后两种化合物立即分解，并从溶解状态中游离出来。

血红蛋白在氧和二氧化碳的运输过程中扮演着重要的角色，充当着关键的运输工具。当血红蛋白受到中毒等因素的影响而失去结合和运输氧和二氧化碳的功能时，可能导致组织细胞缺氧和酸中毒，凸显了血红蛋白在维持正常生理功能中的不可替代性。

三、气体交换

气体交换在肺和全身组织中进行，其驱动力是气体分压差，而实现气体交换的先决条件则是气体通透膜。气体分压是指混合气体中某种成分气体的压力，其浓度的不同决定了气体分压的高低。根据气体分子扩散原理，如果在通透膜两侧存在气体分压差，那么气体分子就会从分压较高的一侧扩散到较低的一侧。气体通透膜包括肺呼吸部的呼吸膜和全身各部位的毛细血管壁以及组织细胞膜，这些结构确保了气体交换的高效进行。

（一）肺换气

在肺的呼吸过程中，呼吸膜发挥着关键作用。其关键特点是氧分压和二氧化碳分压的差异，使肺泡与毛细血管之间形成气体交换的动力。肺泡一侧的高氧分压有利于氧气进入血液，而毛细血管一侧的相对高二氧化碳分压则促使体内的二氧化碳排出。这一生理机制确保了有效的气体交换，保障了血液中氧气的充分供应，同时帮助清除体内产生的二氧化碳。因此，肺泡与肺泡壁外毛细血管间发生了如下气体交换：

$$\begin{array}{c} P_{O_2}\text{较高} \\ \text{肺泡腔} \\ P_{CO_2}\text{较低} \end{array} \xleftrightarrow[CO_2]{O_2} \text{呼吸膜} \xleftrightarrow[CO_2]{O_2} \begin{array}{c} P_{O_2}\text{较低} \\ \text{肺毛细血管腔} \\ P_{CO_2}\text{较高} \end{array}$$

肺换气的主要效果体现在肺泡壁与毛细血管的气体成分变化上，这包括了血液中氧气的增加和二氧化碳的有效排出。通过这一过程，肺确保了血液中的氧气供应充足，同时有效清除了体内产生的二氧化碳，维持了生命过程中必要的气体平衡。这强调了肺作为呼吸系统的关键角色，为身体提供了必需的氧气，同时排除了代谢废物。

（二）组织换气

组织换气发生于体毛细血管网与网间分布的组织细胞之间，此间充有组织液。体毛细血管壁与组织细胞膜均有良好的气体通透性。血液侧与细胞质侧存在氧分压差和二氧化碳分压差。据测定，血液中的氧分压相对较高，组织细胞质中的二氧化碳分压相对较高。因此，体毛细血管通过组织液与组织细胞之间发生了如下气体交换：

$$\begin{array}{c} P_{O_2}\text{较高} \\ \text{体毛细胞血管腔} \\ P_{CO_2}\text{较低} \end{array} \xleftrightarrow[CO_2]{O_2} \text{气体通透膜} \xleftrightarrow[CO_2]{O_2} \begin{array}{c} P_{O_2}\text{较低} \\ \text{组织细胞} \\ P_{CO_2}\text{较高} \end{array}$$

组织换气的核心效果在于改变组织细胞质中的气体成分，确保细胞质能够获得充足的氧气供应并有效排除二氧化碳。这种改变对于维持组织细胞的正常新陈代谢是不可或缺的。组织换气作为呼吸过程中的核心环节，如果发生障碍，将会导致细胞窒息，最终引起生命体的死亡。因此，组织换气在维持生命过程中具有至关重要的作用。

项目六 泌尿系统

任务一 泌尿器官

泌尿系统是由肾脏、输尿管、膀胱和尿道构成的复杂网络。肾脏是制造尿液的核心器官，它负责过滤血液，去除其中的废物和多余水分，形成尿液。输尿管则是连接肾脏和膀胱的导管，负责将尿液从肾脏输送到膀胱。膀胱是一个弹性囊状器官，用于暂时储存尿液，直到我们找到合适的时机将其排出体外。尿道则是尿液从膀胱排出体外的通道。

泌尿系统的主要功能是排泄。排泄是生物体将代谢过程中产生的无用或有害物质排出体外的重要过程。这些物质包括营养物质的代谢产物、衰老或损坏的细胞以及摄入过多或对身体无用的物质，如多余的水分和无机盐。通过排泄，生物体能够维持内部环境的稳定，保护身体免受有害物质的侵害。

一、肾

（一）肾的形态、位置与一般结构

1.牛肾

牛肾在形态上表现出明显的左右不对称，右肾为长椭圆形，位于腹部上端，而左肾为厚三棱形，位置随瘤胃充盈情况而变动。肾脂肪囊包围着肾脏，起到保护和固定的作用。肾包膜覆盖在肾表面，易于剥离。肾门是肾内侧缘的凹陷部分，是血管、输尿管、神经和淋巴管的进出口。肾窦则是肾门向内扩大的空腔，包含输尿管、肾盏、血管等结构。这些结构共同构成了牛肾的解剖特征。

牛肾的解剖结构可分为皮质和髓质。皮质位于表面，呈红褐色，而深层的髓质颜色较浅，由多个圆锥形的肾椎体组成。这些肾椎体中的乳头状部分突入肾盂，与肾小盏相连，多个肾小盏会聚合成肾大盏。最终，肾大盏进一步合并形成两条集收管，它们连接到输尿管，完成尿液的传输过程。这一结构使牛肾能够有效地处理和排泄体内的废物。

牛肾表面呈现深浅不一的叶间沟，将肾分为16~20个不同大小的肾叶，每个肾叶都由皮质和髓质构成。特别是髓质部分形成了肾乳头，这一特征使得牛肾被归类为有沟多乳头肾。这种解剖结构的存在有助于牛肾高效地进行尿液的形成和排泄。

2.羊肾

羊肾与牛肾在位置上相似，但在形态结构上存在显著差异。羊肾呈豆形，表面光滑，与此相对应的是肾乳头的合并，形成一个肾总乳头，与肾盂相接。因此，羊肾被归类为表面平滑单乳头肾，与牛肾的结构特征有所不同。

3.猪肾

猪肾具有棕黄色，左右形态均为豆形，较长扁，两端略尖。两肾位置对称，位于最后胸椎及前3腰椎横突的腹面两侧，其肾脂肪囊发达。此外，猪肾属于表面平滑多乳头肾，这表明其解剖结构在表面形态和乳头数量上呈现特定的特征，与其他动物的肾结构存在一定差异。

4.马肾

马的右肾呈钝角三角形，稍大且靠前，位置在腹部最后2~3肋骨椎骨端及第1腰椎横突的腹侧。左肾呈蚕豆形，较右肾长而狭，偏后且靠近体正中面，位置在最后肋骨椎骨端与前2~3腰椎横突的腹侧。整体而言，马的肾属于表面平滑单乳头肾，这一解剖结构上的特点反映了马的生理适应和体内器官的布局。

5.兔肾

兔的肾呈卵圆形，色暗红，右肾稍前，左肾稍后，位于腰椎腹侧，且在肾的内侧前方有一对淡黄色、扁平的肾上腺。兔的输尿管左右各一，呈白色，起始于肾门内的漏斗状肾盂，经腰肌和腹膜之间延伸至盆腔，最终开口于膀胱颈背侧壁。膀胱呈梨形，位于耻骨部。公兔的膀胱颈延伸成泌尿生殖道，而母兔的膀胱颈延伸成尿道，开口于阴道前庭，且在无尿时位于骨盆腔内，充盈时则向前突入腹腔。

6.犬肾

犬类肾脏形态的特殊设计确保了其在体内的功能正常运作，而它们较大的膀胱则展现了对尿液存储和排泄的适应性。

7.猫肾

猫肾的解剖结构包括被膜下丰富的静脉网络、肾切面的皮质和髓质区分，以及肾盂通过输尿管与膀胱相连接，形成完整的排尿系统。

此外，犬、猫和兔的肾脏都表现为表面平滑的单肾，这一类相似的生理特征为兽医学和动物生理学的研究提供了重要的基础。

（二）肾的组织结构

肾脏由被膜和实质组成，实质又分为肾单位和集合管。这一结构上的分化使肾脏能够完成其生理功能，包括滤出和调节体液中的水分和溶质，维持体内稳态。

1.肾单位

肾单位作为肾脏的基本结构和功能单元，分为皮质肾单位和髓旁肾单位。在解剖位置上，皮质肾单位主要分布于皮质的浅层和中部，占据大多数肾单位的比例；而髓旁肾单位分布在接近髓质的皮质深层。每个肾单位都由肾小体和肾小管两部分构成，这种结构的差异为肾脏不同区域的特定功能提供了基础，对于深入理解肾脏生理和病理过程具有重要价值。

（1）肾小体

肾小体是肾脏单位的基本组成部分，由血管球和肾小囊构成。血管球包括入球小动脉和出球小动脉，分别进入和离开肾小囊。这种结构的设计有助于肾脏完成滤过和排泄功能。入球小动脉较粗，而出球小动脉较细，反映了血液在肾小体内的流动和调控。肾小体在维持体内水平衡和排除废物方面起着重要作用，是肾脏高效工作的基础。

肾小囊是肾小管的起始部，形状为杯状囊，包含脏层和壁层。脏层与壁层之间存在一个称为肾小囊腔的空隙，直接与肾小管腔相通。

（2）肾小管

肾小管是一种起源于肾小囊的细长弯曲小管，依次分为近曲小管、髓袢和远曲小管。

2.集合管

集合管是由多个远曲小管末端汇合而成，包括弓形集合小管、直集合小管和乳头管。其中，乳头管在肾乳头上开口于肾小盏。这一结构使得尿液从肾单位聚集并流向肾盂，最终进入尿路系统。

3.肾小球旁器

入球小动脉进入肾小囊时，其管壁中的平滑肌细胞经过转变成上皮样细胞，这些细胞被称为球旁细胞。与此同时，在远曲小管靠近肾小体血管的一侧，上皮细胞经历形态变化，从立方形变为高柱状，呈斑状隆起，被称为致密斑。

（三）肾的血液循环

1.肾血液循环的途径

肾动脉自腹主动脉发出，进入肾门后分支形成弓形动脉，向皮质发出小叶间动脉，最终形成入球小动脉。入球小动脉进入肾小球内部分为毛细血管，形成肾小球结构，随后汇合为出球小动脉。出球小动脉在肾小球后再次分支形成球后毛细血管网，逐渐汇集成小叶间静脉，最终通过弓形静脉、叶间静脉流入肾静脉，最后开口于后腔静脉。这一复杂的血液循环系统为肾脏提供充足的血液，并确保有效的滤过和尿液形成。

2.肾血液循环的主要特点

肾动脉源自腹主动脉，具有粗大的口径、短暂的行程和高血流量。入球小动脉短而粗，相对于出球小动脉的长而细，导致肾小球内的血压较高。肾动脉在肾内两次形成毛细血管网，即血管球和球后毛细血管网。第二次形成的毛细血管具有较低的血压，有助于有效物质的吸收过程。

二、输尿管

输尿管是一条连接肾脏到膀胱的细长管道,其起源可以是肾盂或集尿管。输尿管穿过腹腔,最终开口于膀胱颈部。末端进入膀胱,这种结构有助于防止尿液倒流。输尿管壁由黏膜、肌层和外膜三层构成,确保了输尿管在输送尿液过程中的强度和功能。

三、膀胱

膀胱是一个呈梨形的器官,用于临时储存尿液,分为膀胱顶、膀胱体和膀胱颈。雄性动物的膀胱背侧毗邻直肠,而雌性动物的膀胱背侧则与子宫和阴道相邻。膀胱的结构包括黏膜、黏膜下层、肌层和浆膜,其中黏膜上皮为变移上皮,膀胱肌层相对较厚,而在膀胱颈部形成括约肌,有助于控制尿液的排泄。

四、尿道

雄性动物的尿道不仅具有排尿功能,还具备排精功能,因此被称为尿生殖道,起始于膀胱颈的尿道内口,终止于阴茎头的尿道外口。雌性动物的尿道相对较宽短,开口于尿道前庭前端底壁。母牛尿道开口处存在尿道憩室,需注意在导尿时避免误插入此处。

任务二　尿分泌的观察

一、尿的成分和理化性质

（一）尿的成分

尿液的组成主要包括水、无机物和有机物。水分占据尿液总量的96%～97%，而无机物和有机物则占据3%～4%。无机物的主要成分有氯化钠、氯化钾、碳酸盐、硫酸盐和磷酸盐。有机物方面，尿液含有尿素、尿酸、肌酐、肌酸、氨、尿胆素等。此外，在使用药物时，尿液中还可能含有药物的残余排泄物。

（二）尿的理化特性

草食动物的尿液具有碱性特征，呈淡黄色。初次排尿时，尿液清亮如水，但随着时间的推移，尿液中的碳酸钙逐渐沉淀，使尿液变得浑浊。

牛的每日尿液排泄量为6～8 L，而羊为1～1.5 L。尿量的多少受到多种因素的综合影响，包括食物摄取量、饮水量、外部环境温度、体力活动以及汗液分泌情况等。

尿液的性质和成分可以在一定程度上反映体内代谢的变化以及肾脏的功能状态。因此，临床上常常利用尿液化验的方法，通过分析尿液的特定指标来进行一些疾病的诊断。这一非侵入性的检测方法为医生提供了重要的信息，有助于及早发现和治疗疾病。

二、尿的生成

尿液的生成过程分为两个主要阶段。首先，通过肾小球的滤过作用产生原尿。然后，通过肾小管和集合管的重吸收、分泌和排泄作用，对原尿进行处理，生成最终尿液。

（一）肾小球的滤过作用

当血液经过肾小球时，由于高血压，血浆中的水和多种物质（如葡萄糖、氯化物、无机盐、尿素和肌酐）能够通过滤过膜进入肾小囊腔，形成原尿。原尿的生成取决于两个关键条件：一是肾小球滤过膜的通透性，为原尿产生提供前提条件；二是肾小球的有效滤过压，为原尿滤过提供必要的动力。

1.肾小球滤过膜的通透性

肾小球滤过膜的结构严谨而精细，由内至外可分为三层：首先是肾小球毛细血管的内皮细胞层，此层极为纤薄，内皮细胞间镶嵌着密集的微孔，确保了必要的通透性；中层则为基膜，这是另一层超薄的结构，基膜之上分布着细密的网孔，这些网孔在维持滤过膜功能中发挥着关键作用；最外层由足细胞构成肾小囊脏层，足细胞紧密贴合于毛细血管基膜之上，其突起间形成的缝隙，为滤过过程提供了必要的通道。肾小球滤过膜独特的三层结构，决定了其对水、晶体物质及分子量较小的部分清蛋白具有高效的滤过功能，这些物质得以从血浆中精准地滤过至肾小囊腔中，维持着机体内环境的稳定。

2.有效滤过压

肾小球滤过作用的发生，主要源于滤过膜两侧的压力差异。这一压力差被定义为肾小球的有效滤过压。在生理学中，有效滤过压的计算公式为：肾小球有效滤过压等于肾小球毛细血管血压减去血浆胶体渗透压与肾小囊内压之和。这一机制确保了肾小球能够正常执行其滤过功能，维持体内环境的稳定。

在正常生理状态下，肾小球毛细血管血压维持在 9.3 kPa，血浆胶体渗透压为 3.3 kPa，肾小囊内压稳定在 0.67 kPa。根据这些数据代入相关公式，我们计算出有效滤过压为 5.33 kPa。这表明血浆胶体渗透压与肾小囊内压之和，即阻止滤过的力量，要小于肾小球入球小动脉端的血压，即促进滤过的力量。这种力量平衡确保了原尿的正常生成。

（二）肾小管和集合管的重吸收、分泌和排泄作用

在尿液形成的过程中，原尿会流经肾小管和集合管，此时，其中的多种物质会被重新吸收进入血液，这一过程被称为重吸收作用。值得注意的是，

肾小管和集合管在进行重吸收时，表现出一定的选择性特征。对于机体具有重要作用的物质，比如葡萄糖、氨基酸、钠、氯、钙、重碳酸根等，它们几乎全部或大部分都会被重新吸收；而对于机体来说用处不大或几乎没有用处的物质，如尿素、尿酸、肌酐、硫酸根、碳酸根等，则只有少量被重吸收，甚至完全不被重吸收。这种精确的重吸收机制有助于机体维持内环境的稳定和代谢的平衡。

肾小管和集合管不仅能够将血浆或肾小管上皮细胞内形成的物质，如 H^+、K^+、NH_4^+，分泌到肾小管腔中，还能排泄一些难以代谢的物质（如尿胆素、肌酸）以及体内外进入的物质（如药物）。这两种功能通常被称为分泌作用和排泄作用。

原尿在经历肾小管和集合管的重吸收、分泌与排泄等多重生理作用后，最终形成了终尿。这一生理过程确保了体内代谢废物的有效排除，同时保留了必要的水分和电解质。随后，终尿通过输尿管被输送至膀胱进行储存。当膀胱内尿液充盈到一定程度时，会触发相应的神经反射，促使尿液经由尿道排出体外。

三、影响尿生成的因素

（一）滤过膜通透性的改变

在正常生理状态下，滤过膜的通透性维持在一个相对稳定的水平。然而，当肾小球毛细血管或肾小管上皮因各种原因遭受损害时，滤过膜的通透性将会受到影响。在机体遭遇缺氧或中毒等异常情况时，肾小球毛细血管壁的通透性会增加，导致原尿生成量增多。同时，这种变化还可能引起血细胞和血浆蛋白的滤过，进而引发血尿或蛋白尿的出现。此外，在急性肾小球肾炎的发病过程中，肾小球内皮细胞肿胀会导致滤过膜增厚，进而减少其通透性，造成原尿生成减少，最终表现为少尿症状。

（二）有效滤过压的改变

在正常生理状态下，有效滤过压维持在一个相对稳定的水平。然而，一旦影响尿液生成的三大因素出现变化，有效滤过压也会随之波动，从而对尿液生成产生影响。例如，在动物遭遇大量失血的情况下，流入肾脏的血液量会显著减少，导致肾小球毛细血管的血压下降，有效滤过压随之降低。这种变化将直接引起原尿生成量的减少，甚至可能出现少尿或无尿的现象。

另一方面，当血浆蛋白含量减少时，如因静脉注射大量生理盐水导致单位容积血液中血浆蛋白含量降低，血浆胶体渗透压会相应下降，进而造成有效滤过压增大。这种变化会导致原尿生成量增加，出现多尿的现象。

此外，当输尿管结石或肿瘤压迫肾小管时，尿液的流出会受到阻碍，导致肾小囊腔的内压增高，进而引起有效滤过压降低。这种情况下，原尿生成量会相应减少，从而发生少尿的现象。

总的来说，有效滤过压的稳定对于维持正常的尿液生成至关重要。任何可能影响尿液生成的因素，都可能通过改变有效滤过压来影响尿液的生成和排出。因此，对这些因素的深入理解和有效管理，对于维护泌尿系统的健康和功能具有重要意义。

（三）原尿溶质浓度过高

当肾小管对溶质的重吸收能力达到极限，原尿中的部分溶质无法被完全重吸收，导致原尿的渗透压升高。这会阻碍水分的正常重吸收，从而引发多尿，被称为渗透性利尿。注射大量高渗葡萄糖溶液后可触发这种情况。这一生理现象反映了溶质对尿液生成的影响，有助于理解尿液生成的调节机制。

（四）激素

影响尿生成的激素主要有抗利尿激素和醛固酮。抗利尿激素的主要作用是增强远曲小管对水的通透性，进而促进水的重吸收，从而有效减少尿量。当血浆渗透压上升、循环血量下降，或是遭遇创伤、服用某些药物时，均可引发抗利尿激素的分泌，进而减少尿量。醛固酮在调节尿生成方面，主要作用是促进远曲小管对 Na^+ 的重吸收，并同时推动 K^+ 的排出。简而言之，醛固酮具有保 Na^+ 排 K^+ 的生理功能。

四、尿的排出

尿液生成后进入膀胱储存，当膀胱充盈时，膀胱壁的压力感受器被刺激产生冲动。该冲动通过神经传递至脊髓的低级排尿中枢，再经脑干、下丘脑直至大脑皮层，形成排尿感觉。最终，是否进行排尿由大脑高级中枢综合考虑，包括膀胱充盈度和环境条件等。在适当的条件下，大脑皮层发出兴奋冲动，传至脊髓，使得排尿低级中枢兴奋，膀胱逼尿肌收缩，内括约肌弛缓，同时抑制阴部神经，使外括约肌松弛，从而完成排尿。

在膀胱逼尿肌收缩产生较高压力的作用下，尿液从膀胱排出。当尿液通过尿道时，尿道内的感受器受到刺激，导致尿道收缩并产生较高压力，促使尿液从膀胱排出。如果大脑皮层不产生兴奋，排尿将被暂时抑制。当尿液完全排空后，由于刺激排尿反射的因素消失，膀胱进入储尿状态，低级中枢在高级中枢的调控下被抑制，膀胱平滑肌张力减弱，内、外括约肌张力增强。

排尿过程受到大脑皮层的调控，容易形成条件反射。通过对动物进行合理的调教，可以使其养成定点排尿的习惯，有利于保持舍内卫生。这一原理在改善动物的饲养管理中得到广泛应用，通过培养良好的排尿行为，提高养殖环境的卫生水平，有助于动物的健康和生产效益。

项目七　生殖系统

任务一　生殖器官形态

动物的繁衍行为是确保种族延续与种群扩大的关键。这一行为涉及雌雄两性生殖器官的协作，产生生殖细胞（即精子和卵子），经过交配、受精、妊娠直至分娩，从而繁衍后代，保证种族的生生不息。生殖系统是这一繁衍过程的基石，它不仅负责生殖细胞的生成，还分泌性激素，与神经系统及内分泌系统协调合作，共同调节生殖器官的功能活动，以及促进第二性征的发育，为种族繁衍提供了有力保障。

一、雄性生殖器官

雄性生殖器官包括睾丸、附睾、输精管、精索、副性腺、尿生殖道、阴茎、包皮和阴囊（图7-1）。这些器官中，阴茎、包皮和阴囊属于外生殖器官。雄性生殖系统的结构复杂，各器官协同工作，完成生殖功能。

（一）睾丸

睾丸是成对的实质器官，位于阴囊内，呈长椭圆形。其一侧与附睾相连，称为附睾缘；另一侧游离，称为游离缘。外侧面稍隆凸，与阴囊外侧壁接触；内侧面平坦，与阴囊中隔相贴。睾丸分为睾丸头、睾丸体和睾丸尾三部分，血管和神经出入的一端是睾丸头，另一端是睾丸尾，两端之间是睾丸体。

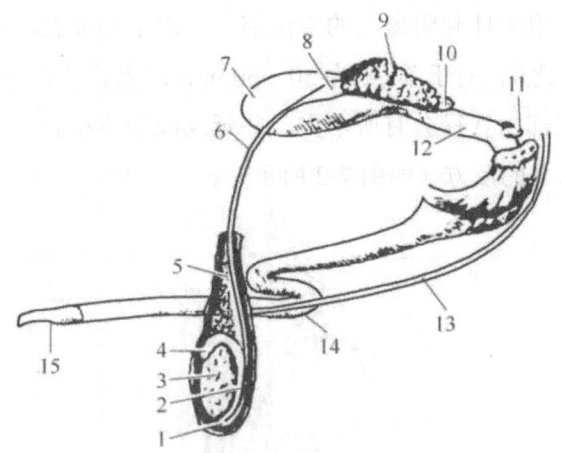

1.附睾尾；2.附睾体；3.睾丸；4.附睾头；5.精索；6.输精管；7.膀胱；8.输精管壶腹；9.精囊腺；10.前列腺；11.尿道球腺；12.尿生殖道 骨盆部；13.阴茎缩肌；14.阴茎乙状弯曲；15.阴茎头

图7-1 公牛的生殖器官

在胚胎发育阶段，睾丸位于腹腔内，紧邻肾脏。随着胎儿的逐步发育，睾丸与附睾会共同经过腹股沟管下降至阴囊腔内，这一过程被称之为睾丸下降。然而，若动物在出生后，其一侧或两侧的睾丸仍停留在腹腔内，这种情况被称为隐睾。隐睾的存在会严重影响动物的生殖功能，可能导致生殖能力减弱甚至丧失。

经过对牛（羊）生殖系统的科学观察和分析，研究者发现它们的睾丸呈现出独特的长椭圆形，且发育显著。在解剖结构上，这些睾丸的长轴与地面垂直，睾丸头部朝上，尾部朝下，附睾缘则指向后方。值得注意的是，牛的睾丸实质呈微黄色，而羊的睾丸实质则为白色，这一颜色差异为家畜生殖健康研究提供了重要线索。作为畜牧业的关键领域，我们将继续深入研究和探索这些生理特征，以推动家畜养殖业的健康、可持续发展。

（二）附睾

附睾是附着于睾丸的结构，其由睾丸输出管和附睾管两部分组成，并进一步细分为附睾头、附睾体和附睾尾三个部分。附睾头是与睾丸头相连的膨大部位，其形成源于睾丸输出管穿出睾丸白膜。附睾管是一条长而高度盘曲的小管，构成了附睾体和附睾尾的主体部分。对于牛而言，附睾管的长度通常在 30～50mm 之间；对于羊，则为 50～60mm。附睾管的管径在 0.07～0.5mm 之间。在附睾尾部，管径会有所增大，并延续成为输精管。在牛的解剖结构中，附睾位于睾丸的后方（如图 7-2 所示）。

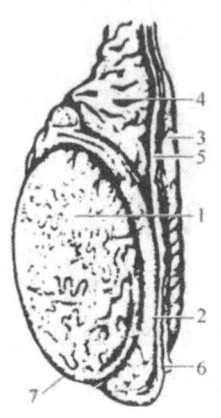

1.睾丸；2.附睾；3.输精管；4.精索；5.睾丸系膜；6.阴囊韧带；7.睾丸固有韧带

图 7-2　公牛的睾丸和附睾

附睾尾通过附睾韧带（亦称睾丸固有韧带，乃睾丸系膜增厚部分）与睾丸尾紧密相连。附睾韧带自附睾尾延伸至阴囊总鞘膜部分，被称作阴囊韧带。

附睾上皮细胞具备吸收功能，能够有效吸收来自睾丸的稀薄精子悬浮液中的水分和电解质，显著提升精子浓度，使其每微升含量高达四百万个以上。在精子通过附睾的过程中，原生质小滴逐渐迁移至尾部末端，精子逐步成熟并获得直线运动能力和受精能力。附睾管分泌的磷脂和蛋白质紧密包裹在精子表面，形成脂蛋白膜，为精子提供保护，抵御外界环境的不良影响。精子在通过附睾管时，还获得负电荷，以防止精子凝集。附睾还会分泌一种依赖雄激素的蛋白，这种蛋白能覆盖精子，使精子具备结合透明带的能力。附睾管上皮的分泌作用为精子发育和贮存提供了必要的养分、pH 值、渗透压和温度等条件，同时还承担着精子的运输作用。

（三）输精管和精索

输精管作为负责输送精子的细长管道，其起始端连接附睾尾，经过腹股沟管深入腹腔，随后向后延伸至骨盆腔，最终开口位于尿生殖道起始部背侧壁精阜的两侧。在膀胱背侧的尿生殖褶内，输精管呈现膨大状态，这一部位被称为输精管壶腹。壶腹内部含有腺体，被命名为壶腹腺，其所分泌的物质对精子起到稀释和营养作用。值得注意的是，牛和羊的输精管壶腹相对较小。这一生理结构特征对于雄性生殖系统的正常功能具有重要意义。

精索是一种呈扁圆状的索状结构，其根部与睾丸和附睾紧密相连。在睾丸的背侧，精索显得较为宽阔，但向上逐渐变得纤细，最终终止于腹股沟管的内环。精索内部包含有输精管、血管、淋巴管、神经以及平滑肌束等多种组织结构，这些结构共同构成了精索的复杂体系。为了保护这些组织，精索外层覆盖有固有鞘膜，以提供必要的支持和保护。在进行去势手术（即睾丸摘除术）时，必须切断精索，以便顺利摘除睾丸和附睾。

（四）阴囊

阴囊是由腹壁下陷形成的囊状结构，内部容纳睾丸、附睾和部分精索，通过腹股沟管与腹腔相通。它相当于腹腔的突出部分，而牛的阴囊位于两股之间，在松弛状态下呈瓶状，阴囊颈较为明显。阴囊壁的组成包括皮肤、肉膜、肉膜下筋膜、睾外提肌和鞘膜。

阴囊的皮肤具有薄而柔软、富有弹性的特点，表面覆盖有少量短而细的毛发，内部包含丰富的皮脂腺和汗腺。阴囊表面的腹侧正中有阴囊缝，将阴囊从外表分为左、右两部分。这一特殊结构的存在为进行阉割术提供了定位标志。

肉膜位于阴囊皮肤的内面，由弹性纤维和平滑肌构成。在阴囊的正中部位，肉膜形成阴囊中隔，将阴囊分为左、右两个互不相通的腔体。

鞘膜，作为阴囊的内部结构，包括总鞘膜和固有鞘膜两部分。这两层鞘膜均源自腹膜壁层的延续，其中总鞘膜经腹股沟管深入阴囊，覆盖其内表面。随着结构的深入，总鞘膜转变为固有鞘膜，进而覆盖睾丸、附睾和精索的表面。在总鞘膜与固有鞘膜之间，存在一个含有少量浆液的腔隙，即鞘膜腔。此外，总鞘膜的浆膜层继续沿阴囊后壁延伸，悬吊并固定睾丸、附睾和精索，这一结构被称为睾丸系膜，它在维持阴囊内部器官的正常位置和功能中发挥着重要作用。

阴囊不仅能够有效地保护睾丸和附睾等生殖器官，还通过肉膜和睾外提肌的作用，在冷天时收缩、热天时舒张，调整阴囊的表面积，以维持适宜的温度环境，有助于精子的正常生成、发育和活动。这一生理机制是生殖系统正常运作的重要保障。

（五）尿生殖道

雄性动物的尿生殖道兼具尿液和精液排出功能，分为骨盆部和阴茎部，两者由坐骨弓分隔。尿生殖道起源于膀胱颈，穿过骨盆腔向后延伸，经过坐骨弓后转为阴茎部，沿着阴茎腹侧的尿道沟向前延伸，最终开口于阴茎头。

（六）副性腺

副性腺由前列腺、精囊腺和尿道球腺组成，它们产生的分泌物称为精清。这种液体不仅能够稀释精子，还提供营养以及改善阴道环境，为精子的生存和运动创造有利条件。

精囊腺成对位于膀胱颈背侧的尿生殖褶中，与输精管末端外侧相邻，在尿生殖道骨盆部前端覆盖，每侧精囊腺的导管与同侧输精管共同开口于精阜。其分泌物呈白色或黄白色胶状，富含果糖，可为射出精子提供能量。

前列腺位于精囊腺的后方，由体部和扩散部组成。体部是可见的表面部分，而扩散部位于尿道海绵体和尿道肌之间，不易直接观察。它是复管状腺，具有多个腺管，开口于精阜的两侧。牛的前列腺体部较小，扩散部较大；而羊则仅有扩散部，没有明显的体部。

尿道球腺成对存在于尿生殖道骨盆部后端，其导管开口于尿生殖道黏膜上。牛和羊的尿道球腺相对较小，形状为圆形的实质性小腺体，位于球海绵体肌内。幼龄被去势的动物，可能导致副性腺发育不全。

（七）阴茎与包皮

阴茎是雄性动物用于排尿、排精和交配的器官。它在正常情况下处于柔软状态，并被包皮所覆盖；而在交配时会勃起、伸长并变得坚硬，有助于进行交配。阴茎位于腹壁之下，起始于坐骨弓，在两股之间穿过，沿着中线向前延伸至脐部皮下。

阴茎分为阴茎根、阴茎体和阴茎头三部分。阴茎根通过两个阴茎脚附着于坐骨弓两侧，起源于坐骨结节腹面，两个阴茎脚向前合并形成阴茎体。阴茎头是阴茎的游离端，位于阴茎前端，其形态因不同动物而异。

牛（羊）的阴茎呈长而细的圆柱状，在阴囊后方形成乙状弯曲，勃起时会伸直。阴茎头则呈长而尖的扭转状，其尿生殖道外口位于阴茎头前端左侧螺旋沟中的尿道壁上。公羊的阴茎与牛相似，但其阴茎头有一细长的尿道突，并呈弯曲状。绵羊的阴茎较长且弯曲，而山羊的则较短且直。在交配时，阴茎头呈莲花瓣状，能够与阴道紧密结合。

包皮是由腹下皮肤折转而成的管状鞘，包含内包皮和外包皮，主要功能是容纳和保护阴茎头。阴茎勃起时，包皮展平，而在平时阴茎则缩在包皮内。牛的包皮较长，口周围有硬毛，而牛和羊的包皮口相对较窄，在排尿时阴茎通常在包皮内。

二、雌性生殖器官

雌性生殖器官主要包括卵巢、输卵管、子宫、阴道、尿生殖前庭和阴门等（图7-3），外生殖器官包括阴道前庭和阴门。

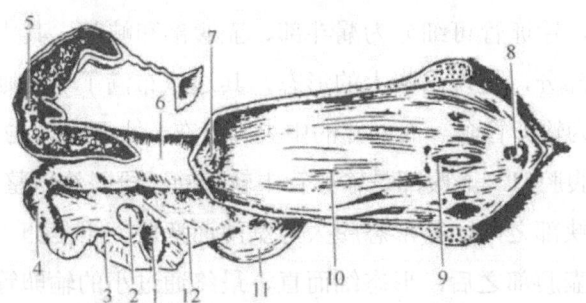

1.输卵管伞；2.卵巢；3.输卵管；4.子宫角；5.子宫阜；6.子宫体；7.子宫颈外口；8.阴蒂；
9.尿道外口；10.阴道；11.膀胱；12.子宫阔韧带

图7-3 母牛的生殖器官（背侧面）

（一）卵巢

卵巢是成对的实质性器官，通过卵巢系膜附着于腹腔腰下部，后端连接着子宫角。卵巢固有韧带形成宽阔的卵巢囊,卵巢藏于其中,有助于卵子的顺利进入输卵管。

经过测量,成年牛的卵巢长度约为 3.7 cm,宽度约为 2.5 cm,形态呈椭圆形(如图 7-3 所示)。其具体位置位于骨盆腔前口两侧的附近,紧邻子宫角前端的背侧。在卵巢的表面,可以观察到大小不等、明显突出的卵泡。对于未怀孕过的母牛,其卵巢位置相对靠后,主要位于骨盆腔内;而对于已经产过仔的母牛,其卵巢位置则偏前,位于腹腔内,具体位置在耻骨前缘的前下方。与牛的卵巢相比,羊的卵巢形态更为圆润且尺寸较小,其位置与牛的卵巢大致相同。当性成熟后,成熟的卵泡和黄体可明显突出于卵巢表面。此外,成年牛的右侧卵巢通常比左侧卵巢稍大。卵巢系膜较短,而卵巢囊则相对宽大。

(二)输卵管

输卵管作为雌性生殖系统中至关重要的组成部分,位于卵巢与子宫角之间,呈现为一对细长且弯曲的肌性管道。其主要功能在于输送卵细胞,并作为受精的场所,对于雌性的生殖健康具有不可替代的作用。输卵管通过输卵管系膜与卵巢、子宫紧密相连,确保了其在体内的稳固位置。此外,输卵管系膜与卵巢固有韧带之间形成的卵巢囊,为卵巢提供了必要的保护空间。

在结构上,输卵管可细分为漏斗部、壶腹部和峡部。其中,漏斗部作为输卵管的起始部分,呈现出膨大的形态,其边缘布满了不规则的皱褶,形如伞状,被称之为输卵管伞。而漏斗的中央则存在一小开口,与腹膜腔相连通,被称为输卵管腹腔口。壶腹部是输卵管中较长的一段,约占整体长度的一半,位于漏斗部与峡部之间,其形态膨大,壁薄而弯曲,正是卵子受精的主要场所。峡部紧随壶腹部之后,形态细而直,最终通过小的输卵管子宫口与子宫角相连通。

不同动物种类的输卵管漏斗部面积存在显著差异,其中牛的面积为 20~30 cm^2,羊的面积为 6~10 cm^2。输卵管伞在卵巢上端有附着,但牛、羊的输卵管伞发育不够充分。此外,牛、羊的子宫角尖端较为细小,导致输卵管与子宫角之间界限不明显,发情时会形成一个显著的弯曲。

（三）子宫

子宫，作为胚胎生长发育的重要场所，通过子宫阔韧带稳固地附着于腰下部。其位置主要位于腹腔内，仅少部分延伸至骨盆腔内。在解剖结构上，子宫背侧紧邻直肠，腹侧则是膀胱。子宫前部与输卵管紧密相连，后部则通向阴道，两侧则与骨盆腔侧壁及肠管相邻。在妊娠期间，随着胎儿的生长，子宫会突入腹腔内，以适应胎儿的生长发育需求。

家畜的生殖系统中，子宫占据重要地位，其结构可细分为子宫角、子宫体和子宫颈三部分。子宫角位于子宫前部，形态弯曲如圆筒，深藏于腹腔之中。子宫角前端与输卵管紧密相连，确保生殖细胞的顺利输送；其后端则与对侧子宫角汇聚，共同构成子宫体。子宫体呈直筒状，前半部分位于腹腔，后半部分延伸至骨盆腔。子宫颈是子宫体向后的延续部分，完全坐落于骨盆腔内，形态厚实，呈直管状。子宫颈管前端与子宫体相连通，后端则与阴道相接，平时保持闭合状态，仅在发情期稍显松弛，而在分娩时则会显著扩张。值得注意的是，部分动物的子宫颈后部会突入阴道内，形成子宫颈阴道部，这是其独特的生理结构。

成年母牛的子宫，因受到瘤胃的压迫，主要位于腹腔后部的右侧。子宫的两侧角后部，通过肌肉和结缔组织的连接，表面覆盖着浆膜，外观上与子宫体相似，因此被称为伪子宫体。子宫颈的黏膜以螺旋状嵌合突起，其外口呈现菊花状结构，构成了子宫颈阴道部，这部分在生理状态下紧闭，仅在发情期会稍有松弛和扩张。在子宫体和子宫角的黏膜上，存在四排圆形隆起的子宫阜，而在羊的子宫中，这些子宫阜呈纽扣状，中央部位凹陷。值得注意的是，在怀孕期间，子宫阜会显著增大，它是子宫壁与胎膜紧密结合的关键部位。

（四）阴道

阴道，位居骨盆腔之中，其背侧紧邻直肠，腹侧则与膀胱和尿道相邻。阴道前端与子宫口相接，共同构成一环状隐窝，称之为阴道穹窿。其后端则延续至尿生殖前庭，并以尿道外口为界限。在动物界中，牛阴道长 25～30 cm，羊阴道长 10～14 cm。

（五）尿生殖前庭和阴门

尿生殖前庭是雌性动物的重要器官，既用于交配也用于分娩。它呈现短筒状，前端与阴道相连，后端通过阴门与外界相通，起着尿液排出的作用。

母牛的尿生殖前庭是一个重要的解剖结构，具有淡红色的黏膜，以及尿道外口和尿道憩室。尿道憩室的存在需要在导尿过程中引起特别注意，以防导尿管误入导致问题。因此，在任何与母牛的导尿操作中，必须小心谨慎，确保正确引导导尿管，以维护母牛的健康和舒适。

阴门是雌性动物外生殖器的重要组成部分，位于肛门的腹侧，由两侧的阴唇构成，阴门裂位于阴唇之间。阴门裂腹侧内侧有一个类似于雄性动物阴茎的结构，称为阴蒂。阴门不仅是泌尿系统的出口，也是生殖系统的通道，对雌性动物的生理功能至关重要。

任务二　生殖生理

一、性成熟和性季节

在高等动物中，精子进入雌性生殖道常常需要通过性活动来实现，这种活动是一种复杂的神经反射过程，雄性和雌性动物都具备这种能力。性功能的发育是一个生理过程，通常分为初情期、性成熟期和繁殖功能停止期。虽然性活动是一种非条件反射，即性本能，但它受外界条件刺激的影响而变化。

初情期是动物性成熟过程中的重要阶段，指的是动物开始表现性反射并首次释放精子或排卵的时期。在这个时期，产生的精子并不完全成熟，缺乏受精能力，而且没有明显的外部表现。初情期的出现标志着性成熟的起点，为后续繁殖行为的展开奠定基础。

性成熟是哺乳动物在生长发育到一定程度时，其生殖器官基本发育完全，具备了繁殖后代的能力。在此时，雌性动物能够产生卵子并表现发情症状，而雄性动物则能产生精子并表现性欲。尽管性成熟标志着繁殖潜力的达到，但这并不代表身体发育的全部完成。因此，过早进行配种可能对机体发育产生负面影响，也会影响后代的质量。

动物在达到性成熟时，身体仍在继续发育，直至具备成年期的结构和功能，这被称为体成熟。因此，动物开始配种的年龄通常较性成熟晚，一般相当于体成熟或在体成熟之后。不同种类动物的性成熟和初配年龄存在差异，如牛的性成熟年龄为10~18个月，初配年龄为1.5~2岁；而羊的性成熟年龄为5~8个月，初配年龄为1~1.5岁。总体而言，牛在13~15岁，绵羊在8~11岁左右会进入繁殖功能停止期。

动物性成熟受到多种因素影响，其内部原因主要为动物体内的激素含量。同时，外部因素也起着重要作用，包括动物的品种、营养状况、管理水平以及气候环境等。通常，小型动物的性成熟时间早于大型动物；经过培育的品种早于原始品种；地方品种早于外来品种；饲养管理水平高的动物早于管理水平差的动物；气候温暖地区的动物早于气候寒冷地区的动物；群居生活的动物早于独立生活的动物。

经研究发现，母牛在一年内，除了妊娠期，其余时间均有可能出现周期性的发情现象，属于终年多次发情的动物。相较之下，羊的发情表现则具有明显的季节性特征，仅在特定季节内表现出多次发情。在两个发情季节之间的时期，羊会进入发情期，即不再发情。

二、雄性生殖生理

（一）性行为

动物界的性行为不仅是一种特殊的行为表现，更是繁殖过程中至关重要的因素。雄性和雌性在性接触中展现出各自独特的方式，而只有两性之间的协调配合，才能确保正常的受胎过程。雄性的性行为直接决定着自然交配或人工采精的成败和效果。性行为的研究不仅有助于深入了解动物繁殖生态，也对人工繁殖等方面具有实际意义。

公畜的性行为是一个包含求偶、勃起、爬跨、交配、射精和交配结束等环节的行为链。在这个过程中,雌性往往扮演被动的角色,但只要它们进入发情状态,就会展现出特定的性行为反应,确保交配的有效进行。这种性行为的复杂性和有序性对于畜牧业和繁殖管理具有重要意义,有助于理解和促进畜群的繁殖过程。

性行为的展现与激烈程度,不仅受到遗传基因的深刻影响,而且与遗传基因、动物的身体状况、性经验积累、雌性动物的性生理状况以及其所处的环境背景等因素密切关联。

(二)精液

精细胞在曲细精管完成形成后,即停止分裂活动。随后,在支持细胞的顶端,紧邻管腔区域,经过一系列精细且复杂的形态变化(如图7-4所示),精细胞逐渐转变为蝌蚪状的精子,这一过程被称之为精子的形成。精子的形成过程涵盖了多个关键阶段,包括顶体的发生、细胞核的浓缩与拉长、尾部的形成以及多余细胞质的脱落等。这些步骤共同确保了精子能够正常发育并具备受精能力。

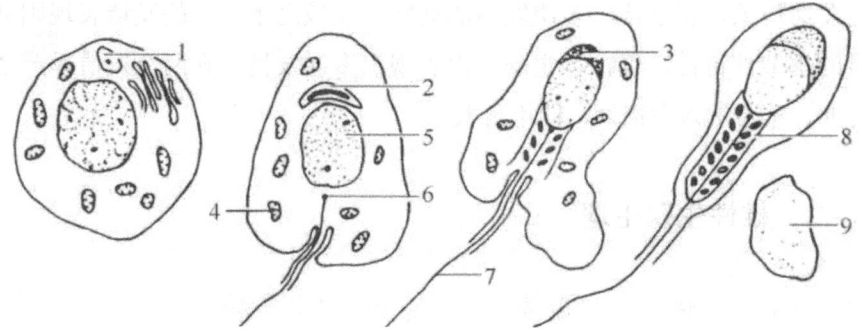

1.顶体颗粒;2.顶体囊泡;3.顶体;4.线粒体;5.核;6.中心粒;7.鞭毛;8.线粒体鞘;9.残余体

图 7-4 精子的形态变化过程

哺乳动物精子是一种高度特化的细胞类型,其形态构造与基本结构保持高度一致性,是承载遗传信息并具有运动能力的雄性生殖细胞。精子的长度因动物种类的多样性而呈现差异,即便在同一畜种内部,不同品种乃至个体之间亦存在细微差别(如图7-5所示)。

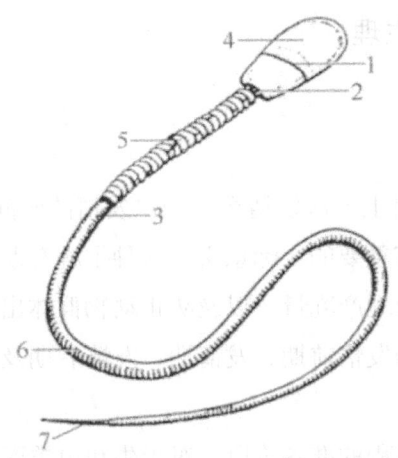

1.头部；2.颈部；3.尾部；4.顶体；5.中段；6.主段；7.末段

图7-5 牛精子的构造特征示意图

精子在附睾内存储期间，其活动力相对较弱。然而，在射精过程中，与副性腺分泌物结合后，精子即展现出活动能力。在一定的温度范围内，随着温度的升高，精子的活力得以增强。值得注意的是，精子的活力与其代谢能力密切相关，活力越高的精子所消耗的能量也越多，因此其存活时间相对较短。精子活动的基本形式包括直线运动、摆动和转圈运动，但仅有直线运动被视为正常的活动方式。鉴于精子对外界因素的敏感性，在实际生产中进行人工授精时，我们应当积极预防有害因素，同时合理利用有利因素，确保精子能在适宜的环境中保存，从而延长其保存时间。

精液的组成分为精子和精清，其在不同动物中表现出显著的差异，主要由于精清的含量不同而导致整体精液量的差异。在反刍动物中，射精量相对较少，使得精子在精液中的比例相对较高，超过10%。精清的化学成分涵盖了多种要素，如糖类、蛋白质、氨基酸等，其功能则包括稀释、调整pH、促进精子运动、提供营养和保护等多个方面。

精液的理化性状涵盖了外观、气味、精液量、精子密度、黏度、相对密度、渗透压以及pH等多个方面，这些特征反映了精液的生理状态。此外，环境条件如温度、pH值、渗透压、电解质、振动、光照以及化学药物等因素可能对精子的生命活动产生影响。

三、雌性生殖生理

（一）发情周期

发情周期是动物自上一次发情至下一次发情的时间间隔，对其规律的深入了解在畜牧业中具有重要的实际意义。这种了解有助于实现有计划的繁殖，调整分娩时间，有效管理产乳量，以及防止动物群体出现不孕或空怀等现象。

发情周期可细分为发情前期、发情期、发情后期及间情期四个阶段。

1. 发情前期

发情前期是发情过程的准备阶段，对于牛和山羊而言，其发情周期为21天。若以发情症状初次显现之日作为发情周期的第1天，则发情前期大致对应于发情周期的第16～18天。在这一阶段，动物主要展现出以下生理特征：卵巢上的黄体已经消退，卵泡开始逐步发育；体内雌激素的分泌量逐渐上升，而血液中的孕激素水平则呈下降趋势；生殖道上皮组织增生，腺体活动增强，黏膜开始充血，子宫颈和阴道的分泌物明显增多。然而，在这一时期，动物尚未表现出明显的发情症状。

2. 发情期

发情期是动物发情周期的第1～2天，其主要表现在行为上包括不安的鸣叫、与其他家畜的爬跨行为，以及食欲减弱。生理方面，卵巢上的卵泡迅速发育，导致雌激素分泌升至最高水平，而孕激素分泌则达到最低水平。此时，子宫经历充血和肿胀，子宫颈口张开，子宫肌层强烈收缩，腺体分泌增加。阴道上皮逐渐发生角质化，伴有鳞片细胞的脱落，同时外阴充血肿胀，并有黏液流出。

3. 发情后期

发情后期对应着动物发情周期的第3～4天，其特征主要表现在行为上，即精神状态从兴奋逐渐过渡到抑制。生理方面，卵巢上的卵泡在排卵后形成新的黄体，孕激素分泌逐渐升高。此时，子宫肌层和腺体分泌活动减弱，黏液分泌减少且变得更加黏稠，子宫颈口逐渐收缩关闭。阴道上皮脱落释放白细胞至黏液中，外阴肿胀逐渐减轻并最终消失，阴道中流出的黏液逐渐减少并变干。

4.间情期

间情期,或称休情期,处于动物发情周期的第 4~15 天,其特征是动物的性欲完全停止,精神状态完全恢复正常,发情症状全部消失。在这一时期,卵巢上的黄体逐渐生长发育至最大,伴随着孕激素分泌的达到最高水平。子宫内膜增厚,上皮呈高柱状,子宫腺体高度发育,分泌活动旺盛。随着时间推移,子宫内膜回缩、上皮变矮柱状,腺体减小,分泌活动停止;同时,黄体发育停止并开始萎缩,孕激素分泌逐渐减少。具体牛和羊的发情周期、发情期和排卵时间可参见表 7-1。

表 7-1 牛羊的发情周期、发情期和排卵时间

动物种类	奶牛	黄牛	水牛	绵羊	山羊
发情周期	21~22 d	20~21 d	20~21 d	16~17 d	19~21 d
发情期	18~19 h	1~2 d	1~3 d	24~36 h	33~40 h
排卵时间	发情结束后 10~11 h	发情结束后 10~12 h	发情结束后 10~12 h	发情开始后 24~30 h	发情开始后 30~36 h

雌性动物在发情后的进一步状态取决于是否成功配种受胎。如果成功配种并受胎,发情周期将自动结束,雌性动物进入妊娠状态。相反,如果未配种或配种后未受胎,雌性动物将继续表现周期性发情。发情周期的受影响因素众多,其中包括环境、遗传和饲养管理水平。

(二)排卵

排卵是卵子随着卵泡液从卵巢排出的生理过程,其调节受到 LH 等激素的影响。随着成熟卵泡发育至后期,卵泡压力降低,卵巢被膜和卵泡壁形成孔洞,导致卵泡液逐渐排出,卵子与卵丘分离。卵子随卵泡液从卵巢排出后,吸附在卵巢表面,贴在输卵管伞上,通过输卵管的平滑肌和上皮纤毛的协同运动被送入腹腔口。在牛和羊中,排卵可发生在卵巢表面的任何部位。

(三)妊娠

受精是精子和卵子结合的过程,代表着新生命的开始。随后,受精卵在

母体子宫内生长发育,逐渐形成成熟的胎儿。这一生理过程被称为妊娠,妊娠期从卵子受精开始,一直持续到胎儿出生为止。牛、羊的妊娠期见表 7-2。

表 7-2 牛羊的妊娠期

动物种类	奶牛	黄牛	水牛	羊
平均妊娠期/d	280	282	310	150
变动范围/d	255~305	240~311	300~327	145~155

雌性动物在妊娠期间,为了适应胎儿的生长发育,各器官的生理功能都会发生一系列变化。妊娠初期,妊娠黄体大量分泌孕酮,其作用不仅包括促进附殖、抑制排卵和降低子宫平滑肌的兴奋性,还与雌激素协同作用,刺激乳腺腺泡的生长,使乳腺充分发育,为后续分泌乳汁做好准备。

随着胎儿的生长发育,雌性动物子宫的体积和重量逐渐增加,引起腹部内脏的挤压和前移,从而导致一系列生理变化,包括呼吸方式的改变、循环系统的调整、血液凝固能力的提高等。妊娠末期,可能出现酮体和生理性酮血症、代偿性心肌肥大、排尿、排粪次数增加以及尿液中出现蛋白质。为适应胎儿发育的特殊需要,甲状腺、甲状旁腺、肾上腺和脑垂体呈现妊娠性增大和功能亢进。雌性动物的代谢增强,食欲旺盛,对饲料的利用率增加,呈现肥壮和被毛光亮的状态。然而,在妊娠后期,由于胎儿快速生长,母体需要的养料增多,如果饲养条件稍差,可能导致母体逐渐消瘦。

(四)分娩

分娩是母畜将发育成熟的胎儿和胎膜通过生殖道排出体外的生理过程,一般经历产道扩张期、胎儿排出期和胎衣排出期这三个阶段。这个过程标志着胎儿从母体独立出来,是繁殖生命周期中的一个重要环节。

1.产道扩张期

产道扩张期,自子宫阵缩起始,直至子宫颈口全然扩张,与阴道界限湮没,此阶段特点在于阵缩,即子宫呈现间歇性收缩。初期,阵缩尚显轻微,间歇期较长,随后则逐渐增强并缩短。阵缩自子宫角端向子宫颈呈波状推进,促使胎水和胎儿向子宫颈移动,并引导胎儿前置部分逐步进入子宫颈管和阴道。此过程中，阴道神经节受刺激，进而强化腹肌作用，与子宫阵缩协同形成强大的娩出力。同时，胎儿的胎向和胎势亦发生相应变化。因血液循环受阻，CO_2积聚引发胎儿反射性活动，子宫肌和腹肌的收缩作用使胎儿上举，胎位由下转上，蜷曲胎势变为伸展状态。各类动物在此期的表现存在差异，同种动物的不同个体亦不尽相同。一般而言，经产母畜表现相对平稳，部分甚至无明显表现。

2.胎儿排出期

胎儿娩出期，指的是从子宫颈口完全扩张至胎儿完全娩出的过程。在此期间，子宫的阵缩与母体的用力共同形成强大的产力，其中母体的用力是娩出胎儿的主要动力。在此之前，胎儿的前置部分已进入产道，随着阵缩的加强和母体用力地增加，胎儿最终顺利娩出。

在这一阶段，母畜表现出极度的不安，频繁地起卧、刨地、踢腹、回顾腹部并拱背用力。当胎儿的前置部分通过骨盆及其出口时，母体的四肢伸直，用力地强度和频率均达到顶峰。经过数次用力后，母体短暂休息，再继续用力。特别是胎儿最宽部分的娩出，如头部，需要较长的时间。当胎头通过骨盆腔时，母体的用力表现最为明显。在正常胎位下，当胎头露出阴门外后，母体稍作休息，随后将胎儿胸部娩出，此时用力逐渐缓和，其余部分迅速随之娩出，仅留下胎衣于子宫内。随后，母体不再用力，休息片刻后，即能站立并照顾新生幼仔。

3.胎衣排出期

胎衣排出期，指的是自胎儿娩出直至胎衣完全排出的这段时间。胎儿娩出后，雌性动物会进入短暂的平静期。数分钟后，子宫开始逐渐恢复收缩功能，但此时的收缩频率和强度都较为温和。在某些情况下，雌性动物会表现出轻微的努责行为，以促进胎衣的排出。

胎衣的顺利排出，主要得益于子宫的收缩作用。在这一过程中，胎儿胎盘和母体胎盘之间会排出大量血液，从而有效减轻了绒毛与子宫之间的张力。随着胎儿的娩出，胎儿胎盘的血液循环立即停止，绒毛体积相应缩小。同时，母体胎盘的需血量减少，血液循环减弱，子宫黏膜腺窝的紧张性降低，导致两者之间的间隙扩大。通过暴露在体外的胎膜的牵引作用，绒毛更容易从腺窝中脱出并实现分离。值得注意的是，在绒毛从腺窝脱落的过程中，母体胎盘的血管并未受到破坏，因此并不会出现明显的流血现象。

在胎儿娩出后，子宫黏膜表层会发生一系列的生理变化，包括变性和脱落。这一过程伴随着分泌物与血液等物质的排出，这一过程在医学上被称为恶露。对于顺利排出胎衣的奶牛而言，通常从产后五六天开始，恶露会陆续通过阴门排出。经过约20天的时间，恶露基本能够排净，此时奶牛的生殖系统也大致恢复到正常状态。

在母牛分娩前，卵巢上的黄体已经开始逐渐消退，而在分娩后，黄体则会被吸收。因此，产后第一次发情的时间通常出现在第28天至第36天之间。这一生理变化为母牛的繁殖管理提供了重要的参考。在此过程中，饲养员和管理人员需要密切关注母牛的健康状况，确保它们能够顺利恢复并维持良好的生产性能。

（五）泌乳

1.乳腺发育和乳汁的分泌

雌性动物的乳腺发育经历多个阶段。性成熟前，以结缔组织和脂肪组织的增生为主。性成熟后，在雌激素的调控下，导管系统开始发育。妊娠期间，乳腺组织急速生长，导管系统增生，形成具有分泌腔的腺泡。随着妊娠中期的到来，这些腺泡进一步发育，形成有分泌腔的结构，脂肪和结缔组织逐渐被腺体组织取代。妊娠后期，腺泡的分泌上皮开始分泌初乳。分娩后，乳腺开始进行正常的泌乳活动，为新生幼仔提供养分。雌性动物的乳腺在一定时期的泌乳活动后，经历了腺泡体积缩小、分泌腔消失和细小乳导管萎缩的过程。此时，腺体组织逐渐被脂肪和结缔组织取代，导致乳房体积减小，乳汁分泌停止。这种不活跃状态会一直持续，直至下一次妊娠引发新一轮的乳腺发育和泌乳活动。这一生理循环反复进行，直到雌性动物失去生殖能力为止。

乳腺组织的分泌细胞通过摄取血液中的营养物质，经过一系列生化过程，生成乳汁并分泌至腺泡腔内，这一过程被称之为泌乳。乳的生成过程主要发生在乳腺腺泡及细小输乳管的分泌上皮细胞中。乳汁中的各种成分，如球蛋白、酶、激素、维生素和无机盐等，均直接来源于血液，这是乳腺分泌上皮对血浆进行选择性吸收和浓缩的结果。此外,乳中的酪蛋白、乳白蛋白、乳脂和乳糖等成分,则是上皮细胞利用血液中的原料,经过一系列复杂的生化反应合成的。乳汁含有仔畜生长发育所需的所有营养物质,是仔畜的理想营养来源。黄牛和水牛的泌乳期通常为 90 至 120 天,而奶牛的泌乳期则可以达到约 300 天。

2.排乳

在仔畜吮乳或挤乳之前,乳腺腺泡上皮细胞生成的乳汁不断分泌到腺泡腔内。当腺泡腔和输乳管充满乳汁时,腺泡周围肌上皮细胞和导管系统的平滑肌反射性收缩,将乳汁转移入乳导管和乳池。乳腺的腺泡腔、导管和乳池形成了容纳系统,用于蓄积乳汁。哺乳或挤乳时,储存在腺泡和导管系统中的乳汁迅速流向乳池并排出,这一过程被称为排乳。

排乳是一个复杂的反射过程,其触发源于哺乳或挤乳刺激雌性动物乳头的感受器。这一刺激引起腺泡和输乳管周围肌上皮的反射性收缩,使腺泡中的乳液进入导管系统。随后,乳道或乳池的平滑肌强烈收缩,导致乳池内压急剧升高,乳头括约肌反射性松弛,从而使乳汁排出体外。在挤乳过程中,为了维持乳池内部的高压状态并确保乳流的持续,乳池内的压力保持在一定范围内波动。哺乳或挤乳刺激乳房不到 1 分钟就能触发牛的排乳反射。

排乳反射具有条件反射的能力,其中挤乳的地点、时间、设备、操作和人员的出现都可以作为条件刺激。通过在固定的时间、地点,使用熟悉的挤乳设备和挤乳人员,并按照规定的操作步骤进行挤乳,可以有效提高产乳量。这种有序的挤乳过程不仅对畜牧业的生产效率有益,同时也体现了科学管理在乳制品生产中的重要性。

3.初乳和常乳

分娩后初 3~5 天产生的初乳,之后产生的为常乳。初乳特点为黏稠、浅黄、类似花生油,带有咸味和臭味,经煮沸可凝固。初乳富含蛋白质、镁盐和免疫物质。其中的蛋白质能快速被吸收,弥补仔畜血浆蛋白的不足;镁盐具有促进排便的作用;免疫物质能帮助新生幼畜形成被动免疫,提升其抵抗疾病的能力。因此,初乳是初生仔畜不可或缺的食物,为初生动物提供初乳喂养对于其健康成长至关重要。

各种动物的常乳成分包括水、蛋白质、脂肪、糖、无机盐、酶和维生素等。主要的蛋白质是酪蛋白，其次是白蛋白和球蛋白。当乳汁酸化（pH 4.7）时，酪蛋白与钙离子结合并沉淀，导致乳汁凝固。此外，常乳中还含有来自饲料的各种维生素、植物性饲料中的色素（如胡萝卜素、叶黄素等），以及血液中的一些物质（抗毒素、药物等）。这些成分构成了动物常乳的营养和特性。

任务三　生殖器官的观察

一、目的要求

深入理解和熟悉公、母畜生殖系统中各器官的形态特征、构造细节、空间位置，以及它们之间存在的复杂关联和相互作用。这对于全面把握生殖系统的工作原理、功能实现和生殖健康具有重要意义。

二、材料用具

展示包含公牛、母牛、公羊、母羊、公猪、母猪等动物生殖系统各器官位置关系的完整尸体解剖标本；同时，提供这些动物生殖器官的离体标本供学习与研究之用。这些标本将有助于深入理解动物生殖系统的构造、功能和相互关系，对于相关学科的研究具有重要价值。

三、实验内容

经过精心准备，获取了公、母畜生殖器官的新鲜标本。根据科研要求，首先要对标本的各器官外观形态及其相对位置进行全面观察，确保对它们有初步了解。随后，将进行严谨的解剖工作，深入探究各器官的内部结构和相互关联，为畜牧业的持续发展提供科学支撑。

（一）公畜生殖器官

请密切关注阴囊、睾丸、附睾、精索和输精管等关键部位的形态构造以及相互间的空间布局。结合扎实的理论基础，深入理解这些结构的必要性与合理性，以确保其正常运作和生理功能的有效发挥。

（二）母畜生殖器官

在畜牧生产中，对母畜生殖器官的观察和研究至关重要。需要密切关注卵巢、子宫等关键器官的形态、结构和位置，以及它们之间的相互关系。深入了解和掌握不同母畜在生殖器官上的差异性，特别是子宫和卵巢间的差异以及这些差异对母畜生理机能的影响，有助于更好地理解和应对母畜的生理需求。这样的知识有助于在实际工作中，根据实际情况和需要，合理而有效地应用相关知识，提高畜牧生产效益，促进畜牧业的可持续发展。

四、教学组织

将学生划分为两个小组，每个小组将接受为期一小时的系统化培训。培训期间，授课教师将全面细致地阐释操作规程，并通过实际演练来展示操作细节。待学生们基本掌握相关知识与技能后，教师将根据每个小组的特点和具体需求，为他们提供针对性地个别辅导。

项目八　循环系统

任务一　心脏、血管

一、心脏

（一）心脏的形态位置

心脏是一个中空的肌质器官，外形为倒立的圆锥形，稍微向前凸，后缘相对平直。心脏的上部称为心基，连接着进出心脏的大血管；下部为心尖（图8-1）。冠状沟环绕心脏表面，标志着心房和心室之间的分界。左前方有左纵沟，右后方有右纵沟，这两者是左、右心室分界的标志。右心室位于右前部，左心室位于左后部。在冠状沟和纵沟内有分布到心脏本身的血管和脂肪。这些特征共同构成了心脏的结构。

心脏位于胸腔纵隔内，夹在左右两侧的肺脏之间，略微偏向左侧。在牛的身体解剖学中，心脏位于第3～6肋骨之间，心基处于肩关节水平线上，心尖则位于膈肌前方2～5 cm处，正对第6肋骨下端。这个位置为心脏提供了稳固的解剖学定位，并与周围解剖结构相对应。

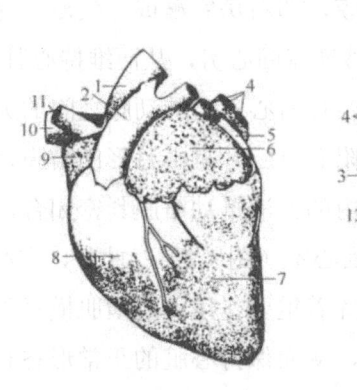 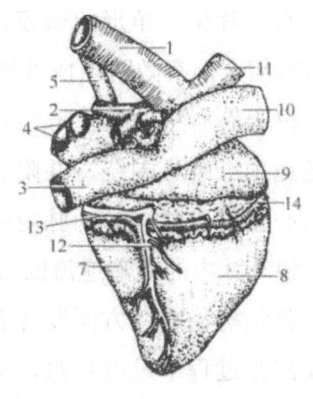

（1）左侧面　　　　　（2）右侧面

1.主动脉；2.肺动脉；3.后腔静脉；4.肺静脉；5.左奇静脉；6.左心房；7.左心室；8.右心室；9.右心房；10.前腔静脉；11.臂头动脉总干；12.心中静脉；13.心大静脉；14.右冠状动脉

图 8-1　牛的心脏

（二）心脏的构造

心脏的内部结构经过精细划分，由房中隔、室中隔和房室口等组织分隔为四个腔室，分别是右心房、右心室、左心房和左心室。

1.右心房

右心房位于心脏的右前上部，具有薄壁和宽大的内腔，由右心耳和静脉窦组成。右心耳是突出的锥形盲囊，内壁有梳状肌，有助于防止静脉血液在此处形成涡流。静脉窦是前、后腔静脉的扩大部分，奇静脉在两静脉开口之间。有发达的肉柱，称为静脉间嵴，分流前、后腔静脉血液，避免相互冲击。后腔静脉开口处有心静脉开口。在房中隔上存在卵圆窝，是胎儿时期卵圆孔的遗迹。右心房下方连接右房室口，使其与右心室相通。

2.右心室

右心室，作为心脏的重要组成部分，坐落于心脏的右前下部，其位置独特，下端并未触及心尖。其内部空间相对较小，室壁构造轻薄，以适应其特定的生理功能。右心室通过上部的右房室口接收血液，并通过左上部的肺动脉口将血液输送到肺动脉。这一精密的布局确保了心脏内血液的有序流动。

右房室口由坚韧的结缔组织纤维环稳固围绕，确保血液流动的稳定性。

纤维环上附着有三片呈三角形的瓣膜，即右房室瓣或三尖瓣。这些瓣膜在心室收缩时，紧密闭合，有效防止血液逆流回心房，从而维持心脏的正常功能。

肺动脉口位于右心室的左上方，是右心室与肺动脉之间的关键连接。同样，这一通道也由纤维环围绕，并附着有三片呈半月形的瓣膜，即肺动脉瓣或半月瓣。当心室舒张时，肺动脉内的血液推动瓣膜紧密闭合，确保血液单向流动，防止肺动脉内的血液逆流回心室（图 8-2）。此外，右心室内部的心横肌在维持心脏结构稳定性方面发挥着重要作用。心横肌横亘于心室腔，有效防止心室在舒张过程中过度扩张，从而保持心脏的正常形态和功能。这一精密的构造体现了心脏在维持血液循环中的重要作用。

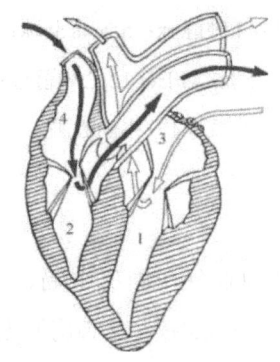

1.左心室；2.右心室；3.左心房；4.右心房

图 8-2　心内血液流向示意图

3.左心房

左心房坐落于心基的左后上部，其构造与右心房颇为相似。左心耳亦呈现出锥形盲囊的形态，囊壁内部亦含有梳状肌。在左心房的后背侧壁上，分布着 6～8 条肺静脉开口，负责血液的接收。而左心房的下方，存在一左房室口，该口与左心室相连通，确保了血液能够顺畅流通。

4.左心室

左心室，位居心脏左后下部，其内腔广大，室壁厚实，下端则构成心尖。左心室之入口，位于后上方，名为左房室口，出口则在前上方，即主动脉口。左房室口同样有纤维环围绕，环上附着两片坚韧的瓣膜，被称为左房室瓣或二尖瓣，其结构与功能均与右房室瓣相同。主动脉口，位于左心室前上方，与主动脉相连通。切口亦由纤维环围绕，环上附着三片半月形瓣膜，称为主动脉瓣或半月瓣，其功能与肺动脉瓣无异。

（三）心壁的构造

心壁，亦称心腔壁，由内至外划分为心外膜、心肌和心内膜三层结构。

心外膜，作为心壁的外层，紧贴心肌表面，其构造由单层扁平上皮和结缔组织共同组成，表面光滑且湿润。实质上，心外膜是心包膜的脏层部分。

心肌，作为心壁的主体部分，厚度显著，主要由心肌纤维构成，呈现出红褐色。心肌被房室口的纤维环分隔为心房肌和心室肌两个独立的肌系，心房肌和心室肌能够交替舒缩。心房肌相对较薄，而心室肌则较厚，特别是左心室壁，其厚度约为右心室的三倍。

心内膜，作为心壁的内层，是贴附于心肌内表面的结缔组织膜，薄而光滑，并与血管内膜相连接。心瓣膜是由心内膜折叠成的双层结构，中间有一层由结缔组织填充。心内膜内分布有血管、淋巴管、神经和心脏传导系统的分支，共同维持心脏的正常功能。

（四）心包

心包是围绕心脏外表面的一层纤维浆膜囊，包括脏层和壁层两个部分。脏层紧贴在心肌的外表面，构成了心外膜，在心基处向外转折成为壁层。这两层之间形成了一个腔隙，被称为心包腔，其中包含少量的心包积液，起到润滑作用，能够有效减少心脏跳动时心肌与外界的摩擦。在心尖处，心包与胸骨之间连接有胸骨心包韧带，这一结构对于固定心脏位置起着重要作用（图8-3）。

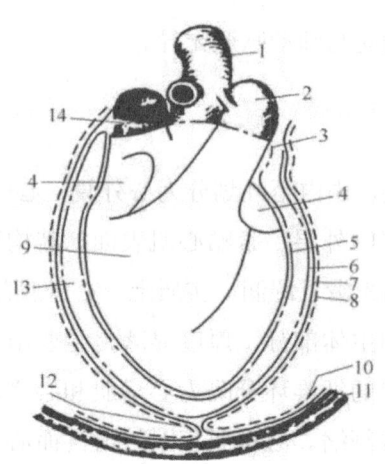

1.主动脉; 2.肺动脉干; 3.心包脏层与壁层转折点; 4.心房肌; 5.心包脏层(心外膜); 6.心包壁层; 7.纤维膜; 8.心包胸膜; 9.心脏; 10.肋胸膜; 11.胸壁; 12.胸骨心包韧带; 13.心包腔; 14.前腔静脉

图 8-3　心包结构模式图

（五）心脏的血管和神经

冠状循环是心脏自身的血液循环，目的在于为心脏提供所需的营养物质，同时排出代谢产物。冠状循环包括心冠状动脉、毛细血管和心静脉。心冠状动脉源于主动脉基部，分为左、右冠状动脉，沿着左、右冠状沟和室间沟分支，形成复杂的毛细血管网络在心脏壁内。这些毛细血管最终汇聚成心静脉，将血液返回右心房，完成冠状循环。

心脏的运动神经包括交感神经（心加速神经）和迷走神经（心抑制神经）。交感神经的作用是激活窦房结，促使心肌活动增强，从而引起心率加快。相反地，迷走神经的作用与交感神经相对立，其功能是抑制心脏活动。这两类神经协同调节心脏的自主神经系统，维持心脏的正常功能。

（六）心脏传导系统

心脏传导系统，由特定分化的心肌细胞所构成，这些特殊心肌细胞具备自动产生并传导兴奋的能力，从而确保心脏有节奏地进行收缩与舒张。这些特殊心肌细胞，亦被称为自律细胞。该系统主要由窦房结、房室结、房室束以及浦肯野纤维所组成（图 8-4）。

窦房结，位于前腔静脉与右心耳交界之处的心外膜深层，其分支延伸至心房肌，并通过结间束与房室结紧密相连。窦房结的自律性最高，因此被视为心脏的正常起搏点。

房室结则坐落于房中隔右侧的心内膜深层，沿着室中隔向下延伸成为房室束。房室束在室中隔的上部分为左、右两束，分别延伸至左、右心室的心内膜深层，并进一步分支形成众多细小的浦肯野纤维，这些纤维与普通心肌细胞紧密相连。

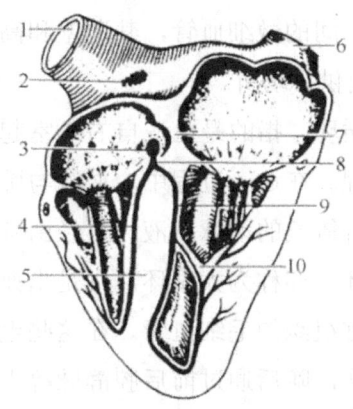

1.前腔静脉；2.窦房结；3.房室结；4.右束支；5.室间隔；6.后腔静脉；7.房间隔；8.房室束；9.左束支；10.心横肌

图 8-4　心脏的传导系统

循环系统（心脏）相关视频讲解见资源 8-1。

资源 8-1

二、血管

血管系统分为动脉、毛细血管和静脉。动脉是从心脏将血液输送到全身各器官组织的管道，毛细血管是微小的血管，将血液输送至组织细胞。静脉负责将血液从组织带回心脏。

动脉血管分为大、中、小三种类型，随着离心脏的距离逐渐变细。其管壁包括内、中、外三层，内层为血管内膜，中层由平滑肌和弹性纤维组成。这种结构设计使得动脉能够承受心脏泵血的高压，同时保持弹性和适应性，确保有效的血液输送。

静脉血管在体内承担将毛细血管中的血液返回心脏的任务，其管壁较薄、管腔较大、弹性相对较小。一些静脉内设有瓣膜，有效防止了血液逆流。毛细血管作为动脉和静脉之间的微细血管，其薄壁和高透性为血液和周围组织之间的物质及气体交换提供了场所。

肺循环，亦称为小循环，指的是血液自右心室起始，通过肺动脉流向肺泡隔毛细血管的循环过程。在这一过程中，血液与肺泡进行气体交换，吸取充足的氧气，转变为富含氧气的动脉血液，再经由肺静脉回归左心房，从而完成整个循环。而体循环，亦称为大循环，则是指血液从左心室出发，经主动脉分支遍布全身各器官组织的毛细血管。在这些毛细血管中，血液与组织液进行物质和气体的交换，随后通过前后腔静脉等大的静脉血管，回流至右心房，从而完成整个体循环过程。

（一）体循环主要动脉

动物体的体循环动脉系统源于左心室，在穿越心包后，呈现向后上方的走势，进而形成主动脉弓，随后逐渐延续成胸主动脉。在这一过程中，胸主动脉发出支气管动脉、食管动脉干以及肋间动脉，这些分支为动物体的呼吸系统、消化系统以及胸壁肌肉提供了必要的血液供应。随着动脉系统的延伸，胸主动脉穿过膈肌转变为腹主动脉，继续为腹腔内的各器官和组织提供血液。特别值得一提的是，主动脉弓的根部发出了左、右冠状动脉和臂头动脉总干（图8-5），这些分支分别负责为心脏和上肢提供充足的血液。整个动脉系统的结构和功能设计精巧，确保了动物体各部位获得足够的血液供应，以维持其正常的生命活动。

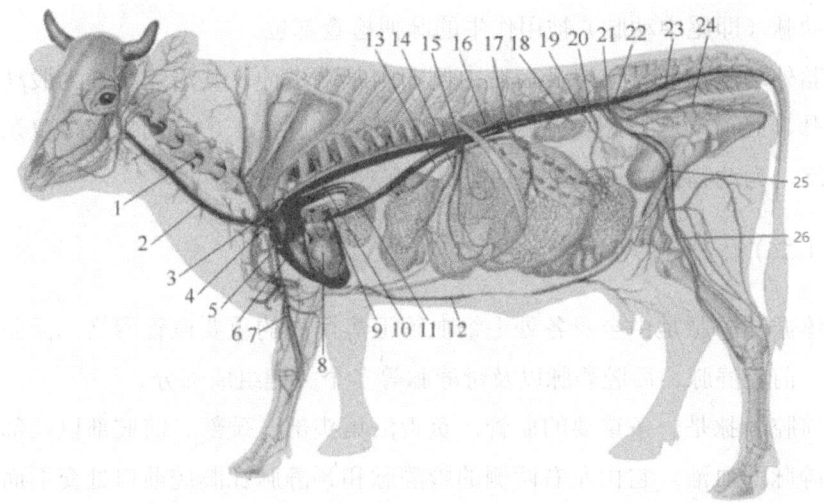

1.椎动脉；2.颈动、静脉；3.主动脉弓；4.腋动脉；5.臂动脉；6.右心室；7.正中动脉；8.左心室；9.肺静脉；10.肺动脉（分支）；11.后腔静脉；12.腹壁皮下静脉；13.门静脉；14.肝动脉；15.腹腔动脉；16.腹主动脉；17.肠系膜前动脉；18.肾动脉；19.子宫卵巢动脉；20.肠系膜后动脉；21.髂外动脉；22.髂内动脉；23.荐中动脉；24.阴部内动脉；25.股动脉；26.腘动脉

图 8-5 牛全身动脉、静脉模式图

臂头动脉总干，作为向头、颈、前肢及胸壁前部输送血液的主动脉，其形态短粗，源自主动脉弓。该动脉沿气管腹侧延伸，逐步分支为两侧的颈动脉和锁骨下动脉，分别供应头颈部、胸前部、鬐甲部及胸腔前部的血液需求。锁骨下动脉作为前肢动脉的直接延续，沿着前肢内侧一路延伸至指端，并在途中分化为腋动脉、臂动脉、正中动脉及指总动脉等关键分支，共同构成前肢的动脉主干网络。

腹主动脉，源自胸主动脉的延续，于腰椎腹侧后方行进，依次分出壁支与脏支。继续向后延伸至第五，六腰椎处，分化出左、右髂外动脉与左、右髂内动脉。腹主动脉脏支，为腹腔脏器的动脉供应，按前后顺序分别为腹腔动脉、肠系膜前动脉、肾动脉、肠系膜后动脉及睾丸或卵巢动脉。而腹主动脉壁支，则表现为成对的腰动脉。

腹腔动脉主要供应胃、肝、脾、胰、网膜及十二指肠的血液循环；肠系膜前动脉则负责大部分肠管的血液供应；肠系膜后动脉则主要供应结肠后段和直肠前部的血液。髂内动脉则主要供应骨盆部及荐尾部的血液。在临床上，尾根动脉（即尾中动脉）被用作牛的脉搏检查部位。

髂外动脉沿髂骨前缘及后肢内侧面向趾端延伸，其沿途延续为股动脉、腘动脉、胫前动脉、跖背外侧动脉等后肢的动脉主干，共同构成了复杂的动脉网络，为动物体的正常生理功能提供了坚实的保障。

（二）体循环的主要静脉

体循环静脉是由全身各处毛细血管汇集而成的重要血管网络，涵盖了心静脉、前腔静脉、后腔静脉以及奇静脉等多个关键组成部分。

前腔静脉是一条重要的血管，负责汇集头部、颈部、前肢部以及部分胸腹壁静脉的血液。它由左右两侧的腋静脉和颈静脉在胸腔前口处交汇而成，随后在气管和臂头动脉腹侧向后延伸，最终注入右心房。颈静脉则专门负责收集头颈部的静脉血液，起始于舌面静脉和上颌静脉，沿着颈静脉沟向后延伸，最终在前腔静脉的胸腔前口处汇入。

在临床医学实践中，颈静脉（在牛类中亦称颈外静脉）常被选作家畜的常用采血和药物注射部位，因其位置明显且便于操作。这一选择确保了采血和注射的准确性和有效性，为家畜的健康管理提供了有力支持。

后腔静脉是一条重要的血管，负责收集腹部、骨盆部、后肢部和尾部等区域的静脉血液。其起始部分主要位于骨盆前口处，包括髂内外静脉和尾静脉。随后，该血管向前延伸，位于腹主动脉的右侧，并在这一过程中汇集腰静脉、睾丸或卵巢静脉以及肾静脉的血液。接下来，后腔静脉在肝和膈之间略向下弯曲，并收集肝静脉的血液。最终，该血管通过膈的腔静脉裂孔进入胸腔，并通过腔静脉褶与右心房相连。

乳房的大部分静脉血液经过阴部外静脉注入髂外静脉，而一小部分则经过腹皮下静脉注入胸内静脉，最终回流至前腔静脉，进而返回心脏（图8-6）。

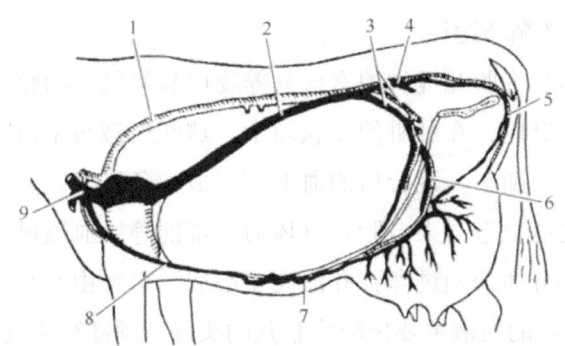

1.胸主动脉；2.后腔静脉；3.髂外动、静脉；4.髂内动、静脉；5.会阴动、静脉；
6.阴部外动、静脉；7.腹皮下静脉；8.胸内静脉；9.前腔静脉

图8-6 奶牛乳房的主要血管模式图

门静脉是负责汇集来自胃、脾、胰、小肠和大肠（直肠后段除外）的静脉血液的血管。这些血液通过肝门进入肝脏，经过反复分支后，最终流入窦状隙，并最终汇集成为数条肝静脉，最终回流至后腔静脉。而直肠后段的静脉血液则汇入髂内静脉。因此，对于可能对肝脏产生损害或影响药物效果的药物，可以通过灌肠给药的方式，以避免药物对肝脏的损害或影响药物疗效。

哺乳动物胎儿在母体内发育时，所需的营养物质和氧气完全依赖于母体通过胎盘的供给，同时胎儿的代谢产物也经由胎盘排出体外。在这一过程中，胎儿的血液循环展现出了独有的特征。

1.胎儿的心脏和血管构造特点

在胎儿心脏解剖结构中，房中隔上存在一处卵圆孔，这一特殊结构确保了左、右心房之间的血液沟通。值得注意的是，该孔左侧配备有瓣膜装置，其独特功能在于只允许右心房的血液单向流入左心房，从而维持了心脏内部血液的有序循环。

此外，胎儿的主动脉与肺动脉之间通过动脉导管相互连接。这一生理构造使得右心室射入肺动脉的血液在大部分情况下，通过动脉导管流入主动脉，仅有少量血液按照正常生理路径流入肺内进行氧合。

在胎儿与母体之间的物质交换过程中，脐动脉和脐静脉发挥着至关重要的作用。这两种血管结构主要存在于脐带内，是胎儿与胎盘进行营养物质和代谢废物交换的关键通道。

2.胎儿的血液循环途径

母体通过胎盘为胎儿提供的富含营养物质和氧气的动脉血,经由脐静脉被引导至胎儿的肝脏。在肝脏的窦状隙中,这些血液与来自门静脉和肝动脉的血液进行混合。随后,混合后的血液汇聚成数条肝静脉,注入后腔静脉。在此过程中,这些血液与来自胎儿身体后半部的静脉血液再次混合,最终注入右心房。大部分血液通过卵圆孔流向左心房,再经由左心室输送至主动脉及其分支。主动脉的血液主要供应给胎儿的头部、颈部和前肢部,如图8-7所示。对于牛和羊等动物,脐静脉的部分血液会通过静脉导管直接流入后腔静脉,而不经过窦状隙。

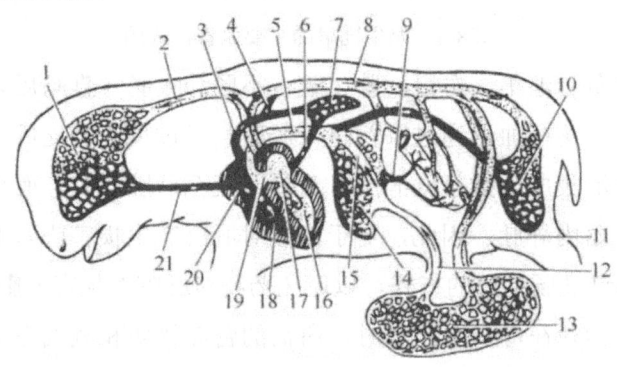

1.躯体前端毛细血管; 2.走向躯体前部的动脉; 3.肺动脉; 4.动脉导管; 5.后腔静脉; 6.肺静脉; 7.肺毛细血管; 8.主动脉; 9.门静脉; 10.躯体后部毛细血管; 11.脐动脉; 12.脐静脉; 13.胎盘毛细血管; 14.肝毛细血管; 15.静脉导管; 16.左心室; 17.左心房; 18.右心室; 19.卵圆孔; 20.右心房; 21.前腔静脉

图8-7 胎儿血液循环模式图

胎儿的静脉血液,源自其身体前半部分,经由前腔静脉,有序地流入右心房,再经由右心室,传递至肺动脉。鉴于胎儿肺脏尚未启动其功能,肺动脉中的血液绝大多数经由动脉导管流向主动脉,仅少数血液进入肺内。主动脉中的血液则负责供给身体后半部分的营养与氧气,通过脐动脉,输送至胎盘,完成生命的循环与滋养。

经观察研究可知,胎儿体内的血液构成中,混合血液占据较大比例。其肝脏、头颈部以及前肢部等区域,血液中蕴含的氧分较为丰富,而其余部位则相对较少。这一发现对于深入了解胎儿生理特征以及胎儿在母体内的生长发育规律具有重要意义。

3.胎儿出生后心血管的变化

在胎儿娩出并剪断脐带后,胎盘的循环功能随即终止。在此过程中,脐动脉逐渐演变成膀胱圆韧带,而脐静脉则转化为肝圆韧带。对于牛、羊等动物,其静脉导管会进一步形成静脉导管索。同时,动脉导管会闭锁,最终演变成动脉导管索或动脉韧带。此外,卵圆孔也会闭锁,进而形成卵圆窝。

循环系统(血管)相关视频讲解见资源8-2。

资源8-2

任务二　心脏、血管生理和血液

一、血液

血液,作为心血管系统内的流动组织,在心脏泵动下持续循环,为动物生命活动提供必要的支持。其血量和成分的稳定性,是动物生存的重要前提。体液,作为动物体内液体的集合,占据了体重的60%~70%,是动物体内环境的重要组成部分。体液包括细胞内液和细胞外液,其中细胞外液含有血浆、组织液、淋巴液和脑脊液等,它们为细胞提供了必要的生存环境。细胞外液不仅是细胞生活的体内环境,也是细胞与外界环境进行物质交换的桥梁。这种细胞外液,也被称为机体的内环境,其稳态对于细胞维持正常生命活动具有决定性作用。

(一)血液的有形成分

血液由液态的血浆和悬浮其中的有形成分共同构成。在有形成分中(如

图 8-8 所示），主要包含血细胞和血小板两大类。血细胞进一步细分为红细胞和白细胞，其中白细胞又可根据细胞内部是否含有颗粒分为粒细胞和无颗粒白细胞。粒细胞再具体分为嗜酸性粒细胞、嗜碱性粒细胞和嗜中性粒细胞。无颗粒白细胞则进一步分为单核细胞和淋巴细胞。淋巴细胞依据其大小差异，可划分为大淋巴细胞、中淋巴细胞和小淋巴细胞。进一步地，根据小淋巴细胞的结构和功能特性，我们又可将其细分为 T 细胞（即胸腺依赖性淋巴细胞）和 B 细胞（即骨髓依赖性淋巴细胞）。

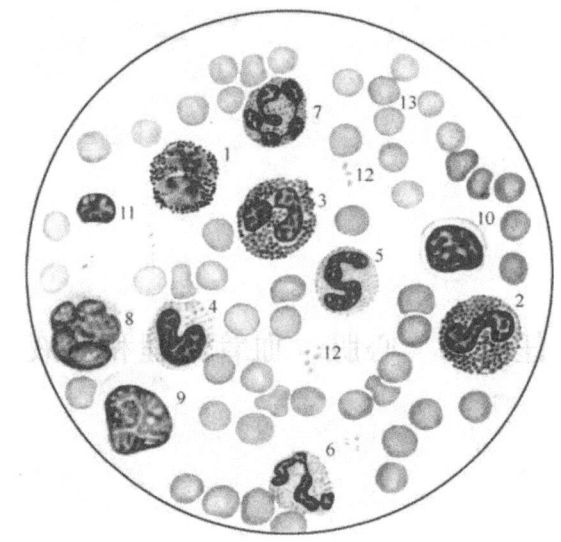

1.嗜碱性粒细胞；2、3.嗜酸性粒细胞；4.肾形核的嗜中性粒细胞；5.杆状核的嗜中性粒细胞；6、7.分叶核的嗜中性粒细胞；8.单核细胞；9.大淋巴细胞；10.中淋巴细胞；11.小淋巴细胞 12.血小板；13.红细胞

图 8-8　牛血液有形成分

1.红细胞

经科学研究证实，绝大多数哺乳动物的成熟红细胞（Red Blood Cells，简称 RBC）呈现出独特的双凹扁圆形态（如图 8-8 所示）。这些红细胞在生理构造上有一个显著的特点，即不含有细胞核和各种细胞器，而其细胞质内则富含大量的血红蛋白（Hemoglobin，简称 Hb）。这种血红蛋白是由亚铁血红素与珠蛋白紧密结合而成的，对于维持生物体的正常生理功能具有不可或缺的重要作用。

在常规条件下，红细胞内部与外部环境的渗透压保持平衡，这是红细胞维持其特定形态和大小的关键因素。当红细胞被置于0.9%的氯化钠溶液中时，其形态得以维持而不发生形变。因此，0.9%的氯化钠溶液和5%的葡萄糖溶液均被视为等渗溶液，其中0.9%的氯化钠溶液更是被广泛称为生理盐水。

如果将红细胞置于高渗溶液中，红细胞内部的水分会逐渐渗出，导致红细胞皱缩；相反，如果将红细胞放入低渗溶液中，溶液中的水分会逐渐渗入红细胞内，导致其膨胀甚至破裂，血红蛋白因此释放到溶液中，这一现象被称为溶血。

在正常生理状态下，红细胞具有在血浆中悬浮且不易下沉的特性，这种特性被称为红细胞的悬浮稳定性。

红细胞在生理过程中扮演着至关重要的角色。首要职责是负责运输氧气和二氧化碳，确保组织细胞能够顺利进行呼吸作用，满足机体对氧气的需求，同时排除代谢产生的二氧化碳。此外，红细胞还具备调节血液酸碱平衡的功能，对维持内环境的稳定起到了不可或缺的作用。这些功能的实现，均依赖于红细胞内部富含的血红蛋白的精心运作。

红骨髓是生成红细胞的关键组织。在造血过程中，必须确保充足的造血原料及促进红细胞成熟的物质供应，这些包括蛋白质、铁、维生素B12、叶酸和铜离子等。若这些物质的供应或摄取不足，将会引发造血障碍，进而导致营养性贫血。同时，红细胞的生成过程受到促红细胞生成素和雄激素的严密调控，确保其在适当的生理范围内进行。

2.嗜中性粒细胞

白细胞（White Blood Cell，简称WBC）是血液中一类无色、具备细胞核的细胞，其体积通常大于红细胞。在白细胞中，嗜中性粒细胞（Neutrophil）的数量最为丰富，约占白细胞总数的50%。其胞质呈淡粉红色，内含微小的淡紫红色中性颗粒。随着细胞的成熟程度不同，核的形态也有所差异。幼稚型的嗜中性粒细胞核多呈现肾形，随着细胞的进一步分化，核逐渐变为马蹄形或腊肠状，这种形态被称为杆状核的嗜中性粒细胞。随着细胞的继续成熟，核通常会分为2至5叶，其中以3叶最为常见，各叶之间通过染色质丝相互连接，这种形态被称为分叶核的嗜中性粒细胞。

中性粒细胞拥有卓越的变形运动和吞噬能力，是机体抵御外界侵害的重要力量。当机体局部遭受细菌侵袭时，中性粒细胞对细菌产物及受损组织释放的特定化学物质具有明确的趋向性，能够迅速聚集至病变部位，发挥吞噬细菌、清除组织碎片的关键作用。骨髓作为中性粒细胞的重要储备库，血管中约有一半的中性粒细胞附着在小血管壁上，另一半则随着血液循环流动。

中性粒细胞以其卓越的变形能力，通过变形运动穿越毛细血管，有效吞噬病原体，特别是急性化脓性细菌。同时，它还能够吞噬机体内部各种坏死细胞及衰老、受损的红细胞，从而维护机体内环境的稳定。在解体过程中，中性粒细胞会释放特定的酶类物质，参与形成脓汁，进一步促进炎症的消退。

在急性化脓性炎症发生时，中性粒细胞的数量会显著增多，这是机体应对外界侵害的一种自然反应。通过这一系列的生理过程，中性粒细胞在维护机体健康、抵御外界病原体方面发挥着不可或缺的作用。

3.嗜酸性粒细胞

嗜酸性粒细胞在血液中数量相对较少，其形态特征为圆球状，胞质内充满着大量的圆形嗜酸性颗粒，这些颗粒染色通常呈现出亮橘红色。这一特征在细胞学检查中有助于鉴别和诊断相关疾病，如过敏反应、寄生虫感染等。

嗜酸性粒细胞具有独特的变形能力，可以穿过毛细血管进入结缔组织。在过敏性疾病或某些寄生虫感染中，它们的数量会显著增加。这些细胞在免疫反应中扮演重要角色，能够吞噬抗原抗体复合物，并释放含有组胺酶的颗粒，进而灭活组胺，从而减轻过敏反应的程度。

4.嗜碱性粒细胞

嗜碱性粒细胞是血液中数量最少的一类粒细胞，其细胞形态呈球形，胞质中含有大而深染的碱性颗粒，这些颗粒内含有肝素和组胺。嗜碱性粒细胞在体内参与调节脂肪代谢，当食物中的脂肪在肠道被吸收后，嗜碱性粒细胞的数量会增加，释放出肝素，这有助于阻止血液过度凝结的情况发生，起到维持血液流动的作用。

嗜碱性粒细胞释放的组胺能够导致局部毛细血管舒张，增加血管通透性，进而加强渗出过程，从而促进炎性反应的发生。这种反应不仅在免疫系统的正常炎症过程中起到重要作用，还与某些异物引起的过敏反应症状有密切关联。

嗜碱性粒细胞在被激活时会释放一种名为嗜酸性粒细胞趋化因子 A 的小肽。这种趋化因子具有将嗜酸性粒细胞吸引到炎症局部的能力，促进其在该区域的聚集，从而有助于其他细胞的吞噬活动。

5.单核细胞

单核细胞是白细胞中体积最大的一类细胞，其形态通常为圆形或椭圆形。其胞核呈现出肾形、马蹄形或扭曲折叠的不规则形状，染色较浅。胞质相对丰富，呈弱嗜碱性，染成浅灰蓝色。

单核细胞从骨髓释放至血液后会迅速进入肝脏、脾脏、淋巴结等多个器官组织内，并转化为具有体积大、溶酶体丰富、吞噬能力强的巨噬细胞。巨噬细胞是体内吞噬能力最强的细胞之一，能够吞噬较大的异物和细菌。血液中的单核细胞与各器官组织中的巨噬细胞共同构成了单核巨噬细胞系统，这一系统是免疫系统中的重要组成部分，对于维持机体免疫平衡和抵御外界侵害起着重要作用。

6.淋巴细胞

淋巴细胞在血液中数量较多，其形态呈球形，胞核可呈圆形、椭圆形或肾形。根据直径大小，分为大、中、小三种。中淋巴细胞和大淋巴细胞的核多为圆形，染色较浅，有时可见核仁，胞质相对较多，周围的淡染晕比较明显；而小淋巴细胞的核多为圆形或椭圆形，一侧有小凹陷，核染色质呈致密的块状，染成深蓝紫色，胞质很少，呈嗜碱性，染成天蓝色。在健康动物的血液中，大淋巴细胞非常少见，中淋巴细胞较少，主要是小淋巴细胞。

7.血小板

哺乳动物的血小板源自骨髓中巨核细胞的胞质脱落，其形态呈两面凸起的圆盘形或椭圆形，体积较红细胞小。血小板表面覆盖着完整的细胞膜，但不含胞核。在血液中，血小板通常不规则地分散于血细胞之间，而在血涂片上则可见其常成群分布。血小板内部中央区域含有蓝紫色颗粒，这些颗粒被称为颗粒区，其中储存有 5-羟色胺（5-HT）等物质。

通常情况下，血小板具备黏附、集结、收缩和释放反应等生理机能，这些特性在维护血管内皮细胞的完整性和促进血管创伤修复、生理止血过程中起着至关重要的作用。

（二）血浆

血浆占据了血液容积的 55%～66%，主要由水组成，并含有多种化学物质，如无机盐和蛋白质等有机物。当未经抗凝处理的离体血液暴露在空气中时，很快会凝固成胶冻状的血块，并逐渐析出淡黄色的透明液体，这种液体称为血清。血清与血浆的主要区别在于血浆含有可溶性的纤维蛋白原，而血清中不含有该成分。

血浆蛋白是指血浆中包含的多种蛋白质，主要包括白蛋白（又称清蛋白）、球蛋白和纤维蛋白原等。这些蛋白质在生命体内具有多种生理功能，其中包括运输各种物质（如激素、药物、营养物质等）、参与免疫反应、促进血液凝固和维持血液胶体渗透压等。

（三）血液的理化特性

1.血液的相对密度和黏滞性

血液的相对密度主要受红细胞数量和血浆蛋白质浓度的影响。相对密度是决定血液相对黏度的主要因素之一，通常血液的相对黏度为水的 4～5 倍，而血液的黏滞性是形成血压的重要因素之一。

2.血液的渗透压

渗透压是指水或低浓度溶液中的水分子，在浓度梯度的作用下，透过半透膜向高浓度溶液中渗透的力。渗透压的高低主要取决于溶液中溶质颗粒的数量，而非溶质的种类或颗粒大小。

血液的渗透压由晶体渗透压和胶体渗透压两部分共同构成。其中，晶体渗透压主要由血浆中的无机离子、尿素和葡萄糖等晶体物质所形成，占据了总渗透压的绝大部分，约 99.5%。这部分渗透压对细胞内外水分的交换起到主要作用。而胶体渗透压则主要由血浆蛋白构成，仅占总渗透压的 0.5%，但它在调节血浆与组织液间的水分交换中扮演着重要角色。

血液的总渗透压与 0.9%的 NaCl 溶液或 5%的葡萄糖溶液相等。那些与血液总渗透压相等的溶液，我们称之为等渗溶液。血浆渗透压若过高，会吸取细胞内的水分，导致细胞皱缩；而若过低，则会导致大量水分进入血细胞，引发溶血现象。

3.血液的酸碱度

动物的血液具有明确的酸碱平衡特性,pH 值维持在 7.35～7.45 的狭窄范围内。这种稳态的保持,归功于血液中丰富的缓冲物质,它们能有效地中和酸碱物质,维持血液的酸碱平衡。$NaHCO_3/H_2CO_3$、Na_2HPO_4/NaH_2PO_4、Na-蛋白质/H-蛋白质等缓冲对在其中发挥着重要作用,尤其是 $NaHCO_3/H_2CO_3$ 缓冲对。在医学领域,血浆中每 100mL 所含的 $NaHCO_3$ 量被定义为碱贮,其增减直接反映了机体对固定酸的缓冲能力变化。当碱值在合理范围内增加时,表明机体对固定酸的缓冲效能得到了提升。

(四)血液凝固

血液由液态转变为固态的过程,被正式称为血液凝固,简称凝血。凝血过程是一个复杂而严谨的生物学过程,涉及众多生物因子的协同作用,通过一系列的酶促反应来实现。最终,这些反应导致血浆中原本处于溶胶状态的纤维蛋白原转变为凝胶状态的纤维蛋白。这种转变后的纤维蛋白以丝状交错重叠的方式存在,将血细胞紧密地网罗其中,从而形成了具有固定形态的血凝块,类似于胶冻状的结构。

血浆与组织内直接参与血液凝固过程的物质,被统一称为凝血因子。截至目前,除了血小板,已经鉴别出 12 种凝血因子。这些因子中,除因子Ⅲ需通过损伤组织的释放作用参与凝血外,其余均稳定存在于血浆之中。

血液凝固是一个精密的生物学过程,主要涵盖三个核心阶段。首先是凝血酶原激活物的生成,它作为整个凝血过程的起点,发挥着至关重要的作用。接着是凝血酶原激活物催化凝血酶原转变为凝血酶的过程,此阶段确保了凝血酶的及时产生和活化。最后是凝血酶催化纤维蛋白原转变为纤维蛋白,从而完成血凝块的形成,有效止血并维持血液系统的稳定。

凝血酶原激活物的生成具有两种不同的途径,即内源性和外源性途径。内源性途径完全依赖于血浆中的凝血因子,无需外部因素的参与即可自发完成凝血酶原激活物的生成。而外源性途径则不仅需要血浆中的凝血因子,还需依赖受损伤组织释放的因子Ⅲ的参与,才能有效触发凝血酶原激活物的生成。

这两种途径相互补充，共同维持着血液凝固过程的顺利进行。

血浆内含有多种重要的抗凝血成分，其中肝素和抗凝血酶扮演着关键角色。纤维蛋白经过特定的分解液化过程，被称为纤维蛋白溶解，简称纤溶。纤溶系统的核心组成部分包括纤溶酶原及其激活物。在局部凝血过程中形成的血凝块，其中的纤维蛋白在完成止血使命后，必须得到及时清除，这对于促进组织再生和保持血液流畅至关重要。这一过程正是纤溶物质所承担的生理使命。

在血液抗凝领域，经过广泛研究与实践验证，肝素被认为是延缓凝血最为有效的药物。同时，通过去除血液中的Ca^{2+}离子，也能够实现抗凝效果。在实际操作中，常用的移钙抗凝剂包括柠檬酸钠（又称枸橼酸钠）、草酸钾和草酸铵等。凝血过程是由一系列酶促反应构成的复杂过程，这些反应的速率和程度均受到环境温度的显著影响。为了达到抗凝目的，建议将血液样本存放于低温环境中，以确保凝血过程得到有效延缓。

血液的温度提升后，酶的活性得以增强，从而加速了凝血反应。当血液与粗糙表面接触时，凝血因子的活化过程会得到促进。在手术过程中，使用温热的生理盐水纱布对术部进行压迫，可以加快凝血与止血的速度。其中的原因，除了温度因素外，纱布表面的粗糙度也是促进凝血的重要因素。此外，凝血因子的合成过程中，维生素 K 的参与是不可或缺的，因此，适当补充维生素 K 也能有效促进凝血。

（五）血量

动物体内的血液总量，亦称为血量，涵盖了血浆量和血细胞量的总和，通常占据动物体重的 6%～8%。这一比例并非一成不变，而是随着动物的种类、性别、年龄、营养状况、妊娠状态、泌乳情况以及外部环境的改变而有所波动。举例来说，奶牛和羊的血量通常占其体重的 6%～7%。这种变化反映了动物体内血液系统的灵活性和调节性，对保障动物的生命活动和生理平衡具有不可或缺的作用。

在心血管系统中，绝大部分血液持续循环流动，这部分血液被统称为循环血量。而剩余的部分，则主要由红细胞构成，它们被储存在肝、脾和皮肤等器官中，这部分血液被称为贮存血量。在动物进行剧烈运动或遭遇大出血等紧急情况下，贮存血量能够迅速释放，以补充循环血量的不足，从而维持生命活动的正常进行。

保持血量相对稳定对于维持正常的血压和各器官的血液供应至关重要。当动物失血量未超过总血量的10%时，通常不会对生命活动产生明显影响，因为失血的水和无机盐可以在1～2小时内由组织间液渗入血管得到补充。此外，血浆蛋白由肝脏加速合成，通常可在几天内恢复，而红细胞也能在1个月内恢复。然而，当失血量达到20%时，就会显著影响生命活动，而急性失血量达到25%～30%甚至会导致血压急剧下降，进而危及重要器官的血液供应，可能会威胁生命。

二、血管生理

（一）动脉血压

血压乃血液对单位面积血管壁施加的侧向压力。长期以来，血压的计量一直以毫米汞柱（mmHg）为单位，但现已过渡到更为标准的国际单位制，即千帕（kPa）。这一转换旨在统一全球血压测量标准，提高数据准确性和可比性。换算关系为：1mmHg等于0.133kPa。

血压通常指的是体循环系统中的动脉血压，其数值随心脏的舒缩活动而发生波动。在心脏收缩时，动脉血压达到的最高值称为收缩压，而在心脏舒张时，动脉血压下降到的最低值称为舒张压。脉压是指收缩压与舒张压之间的差值，反映了动脉血压的脉搏波幅度。一般来说，血压的数值以收缩压/舒张压的形式表示，如120/80mmHg。

动脉血压的形成离不开两个基本条件：一是循环系统内有足够的血液充盈，这为血压的维持提供了前提条件；二是心脏射血和外周阻力共同作用于血液，从而产生了动脉血压。这两个条件相辅相成，共同维持着生命体循环系统的正常运行。

动脉血压受多种因素的综合影响，其中每搏输出量、心率、外周阻力、大动脉管壁弹性和循环血量是最为关键的。每搏输出量的增加会使动脉内血容量增加，从而升高收缩压；而心率的增加在一定范围内会导致心排血量增加，血压上升，但过快的心率反而会使每搏输出量减少，导致血压下降。此外，外周阻力的增加会使血流向外周的阻力增加，进而升高舒张压；大动脉管壁的弹性扩张有助于缓冲血压，使得收缩压降低、舒张压升高；而循环血量的增加则直接导致血压升高。

（二）动脉脉搏

在心脏周期中，心室收缩阶段，血液被强有力地泵入主动脉，导致主动脉内部压力显著升高，进而推动血管壁向外扩张。随后，当心室进入舒张期，主动脉内压力逐渐下降，血管壁则利用其固有的弹性回缩至原位。这一过程，即随着心脏的规律性泵血动作，主动脉管壁发生的扩张与回缩的周期性振动，以弹性波的形式沿着血管壁向外周传播，形成了我们所能感知的动脉脉搏。因此，每分钟脉搏的跳动次数与心脏的跳动频率是一致的，即每分钟脉搏数等同于心率。

（三）静脉血压与血流

经过毛细血管的血液大部分消耗在克服外周阻力上，因此到达静脉系统时血压已经极低，甚至到达右心房时几乎为零。中心静脉压是指右心房和胸腔内大静脉内的血压，而各器官静脉的血压称为外周静脉压。中心静脉压的高低取决于心脏泵血功能和静脉回心血量之间的相互关系。这个压力梯度确保了血液顺利地从全身各处回流至心脏，维持了血液循环的正常运作。

单位时间内，静脉血液回流到心脏的量等同于心脏每分钟的输出量。心脏每分钟输出的血量取决于外周静脉压和中心静脉压之间的压力差，以及静脉管内外的阻力。

在动物躺卧时，由于全身各静脉大多与心脏处于同一水平，因此静脉系统内各段静脉的血压差足以推动血液回流至心脏。然而，当动物站立时，重力的影响导致大量血液在重力作用下积聚在心脏以下的腹腔和四肢末梢静脉中，阻碍了静脉血液回流，进而影响心脏的输出量。为了克服这种重力影响，需要外部力量的作用，主要有骨骼肌收缩的挤压作用和胸腔内负压的抽吸作用，帮助促进静脉血液回流，维持心脏的正常泵血功能。

（四）微循环

微循环，指的是血液在微动脉和微静脉之间进行的循环过程，这是血液与组织细胞之间物质交换的核心环节。通过血管管壁平滑肌的调节，微循环确保了血液能够通过营养通路、直接通路以及动静脉短路三种主要路径，从微动脉顺畅地流向微静脉。这一过程不仅促进了营养物质和氧气的供应，还协助了代谢产物的排出，从而维持了机体内部环境的稳定与平衡（如图8-9所示）。微循环的正常运作对于维护生命体健康起着至关重要的作用。

营养通路，也称为迂回通路，是血液从微动脉穿过后微动脉和真毛细血管组成的毛细血管网，最终流入微静脉的通路。这条通路蜿蜒曲折，穿越细胞间隙，血流速度较慢。由于毛细血管管壁薄且通透性高，因此营养通路是血液和组织细胞之间进行物质交换的主要场所。在这里，营养物质、氧气等可从血液中渗透到组织细胞内，而代谢产物则从细胞中返回到血液中，维持了组织的正常生理功能。

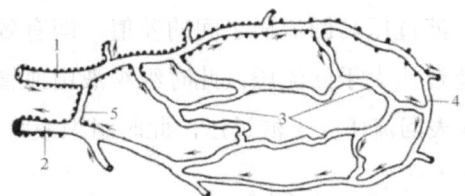

1.微动脉；2.微静脉；3.营养通路；4.直捷通路；5.动静脉短路

图8-9 微循环结构模式图

直捷通路是一种血液从微动脉通过后微动脉、通过毛细血管而回到微静脉的通路。这条通路通常保持开放状态，血流速度较快，很少与组织细胞进行物质交换。直接通路在骨骼肌微循环中较为常见，其主要功能是使一部分血液能够快速通过微循环返回静脉，并重新进入心脏，以维持心脏泵血功能和全身血液循环的正常运作。

动静脉短路是一种血液从微动脉经过动静脉短路直接流回微静脉的通路。这种通路的特点是血管壁较厚，血流速度很快，完全不进行物质交换。在一般情况下，动静脉短路通常处于关闭状态，只有在某些病理情况下可能会打开，但通常不是正常的生理通路。

（五）组织液的生成与回流

组织液，也被称为细胞间液，指的是存在于血管外组织细胞间隙中的液体。这种液体提供了组织细胞与血液之间进行物质与气体交换的必要环境，促进了氧气、营养物质等物质从血液中渗透到组织细胞内，以及代谢产物从细胞中返回到血液中的过程。

绝大多数组织液处于胶冻状态，无法自由流淌，故不会受到重力影响流向身体低垂部位，亦无法通过注射器进行抽取。组织液与血浆的成分相近，但蛋白含量较低。这是因为组织液的形成是通过血浆在毛细血管中的滤过作用进入细胞间隙的结果。这种滤过作用的动力源自有效滤过压（如图 8-10 所示），而有效滤过压的形成则依赖于四个相互作用的力：毛细血管血压和组织液静水压，以及血浆胶体渗透压和组织液胶体渗透压。在这些力量中，毛细血管血压和组织液胶体渗透压是驱动血浆从血液向组织液过滤的力量，称为过滤压；而血浆胶体渗透压和组织液静水压则是促进组织液向血液回渗的力量，称为回流压。滤过压与回流压之间的差值，即有效滤过压。当有效滤过压为正时，表示滤过压大于回流压，此时组织液由血管生成；反之，若有效滤过压为负，则代表回流压大于滤过压，此时组织液将回流至血管。

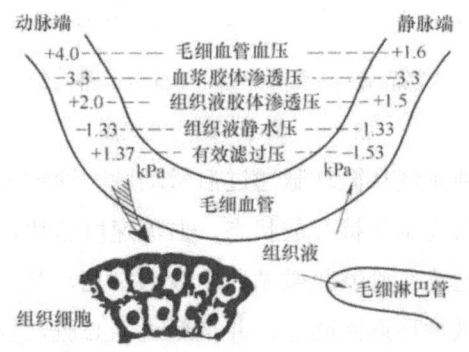

图 8-10　组织液生成与回流示意图

通常情况下，由于近微动脉端毛细血管内的血压高于近微静脉端毛细血管的血压，导致毛细血管动脉端有组织液渗出，而静脉端则会有组织液回流至血液中。这种组织液的生成与回流过程维持着一种动态的平衡状态，从而确保了机体内环境的稳定，为细胞提供了适宜的生活环境。这种平衡对于维持机体的正常生理功能具有重要意义。

在动物生命活动的各个环节中，无论何种外部或内部因素，只要这些因素能够对上述所提的四种力量产生影响，都将不可避免地导致组织液数量的变化。值得注意的是，组织液的生成与回流过程是建立在毛细血管通透性这一重要基础之上。一旦毛细血管的通透性发生改变，那么组织液的生成数量和质量都将受到直接的影响。举例来说，当组织遭遇缺氧环境或组胺含量上升时，由于毛细血管通透性的增强和滤过作用的加强，组织液的生成量会相应增加。另一方面，在肾炎的病理过程中，由于蛋白尿的形成，导致血浆蛋白的大量丢失，从而使得血浆的胶体渗透压降低，进一步引发组织液生成过多，最终形成水肿的病理状态。

三、心脏血管活动的调节

在动物有机体面临内外部环境变化时，为了保障血液循环的顺畅进行，满足机体对血液供应的需求，心脏和血管系统必须进行相应的适应性调整。这种调整主要依赖于神经调节和体液调节两种机制，以确保血液循环的稳定性和有效性。通过这两种调节方式，心脏和血管能够灵活应对各种环境变化，为动物有机体的正常生理功能提供有力保障。

（一）心脏和血管活动的神经调节

1.中枢、传出神经和感受器

心血管活动的调节中枢分布在大脑皮层、丘脑下部、延髓和胸腰段脊髓等多个区域。其中，延髓内含有心加速中枢和心抑制中枢。当心加速中枢受到刺激时，通过交感神经的作用，心脏活动得到增强和加速；而心抑制中枢受到刺激时，则通过迷走神经的作用，使心脏活动减缓和减弱。

心抑制中枢与心加速中枢在功能上相互拮抗，但同时又相互依赖、相互配合，共同维持心脏活动的平衡。当心抑制中枢处于兴奋状态时，心加速中枢的活动会受到一定程度的抑制；反之，当心加速中枢兴奋时，心抑制中枢的活动也会受到相应的抑制。这种相互制约、相互协调的关系，在大脑皮层的调节下，既体现了对立性，又体现了统一性，共同维持着心脏活动的正常进行，以适应机体不断变化的功能需求。

在神经系统的调控下，位于延髓的血管运动中枢扮演着至关重要的角色。这一中枢，特别是其中的缩血管中枢，通过精细的调控机制，对全身血管，特别是小动脉的平滑肌产生作用，从而调节血管的收缩状态。

在正常的生理状态下，缩血管中枢持续发出冲动，经由交感神经传导，维持血管处于适度的收缩状态，这对于维持正常的血液循环至关重要。然而，当这一活动得到增强时，交感神经缩血管纤维的传出功能会相应提升，导致小动脉进一步收缩，外周阻力增大。同时，小静脉也会发生收缩，使得血管容量减少，回心血量相应增加，这些变化共同作用，导致动脉血压的上升。

相反，当缩血管中枢的活动减弱时，交感神经传出的冲动会减少，进而引发血管的舒张反应，导致外周阻力减小，动脉血压相应下降。

在动物体的血管壁内，存在一种特殊的感受器，它能够敏锐地接收并响应压力刺激。这种感受器在颈动脉窦和主动脉弓部位尤为敏感，能够准确感知这些区域的血压变化，为维持动物体的正常生理功能提供重要支持。

2.压力感受性反射和化学感受性反射

鉴于主动脉弓和颈动脉窦内置的压力感受器对血压变动具有高度敏感性，故而在动脉内部血压上升时，这些感受器将受到刺激并产生兴奋反应。这一兴奋信号经由传入神经迅速传递至延髓的心跳中枢和血管运动中枢。随后，通过副交感神经的调节作用，导致心跳减缓、减弱，血管舒张，最终实现血压的下降。

相应地，在动脉血压下降到一定程度时，由于压力感受器受到的刺激减弱，导致心脏加速中枢和血管收缩中枢的兴奋性增强。这种兴奋通过交感神经传递到心脏和血管，进而促使心跳增强加快、血管收缩，最终使血压回升，以保持血压在一个相对稳定的范围内。

除了压力感受器外，血管壁的特定区域还存在化学感受器，这些感受器被称为颈动脉体和主动脉体。当主动脉弓或颈动脉窦区的血液内二氧化碳分压上升或氧分压下降时，这些感受器会发送神经冲动。这些冲动经由传入神经传递到延髓中枢，进而引发两方面的生理反应。一方面，它会导致呼吸中枢的兴奋性增强，从而增强呼吸功能。另一方面，它会引起心跳和血管运动中枢的调整，进而导致心跳加快和增强，血管收缩，血压上升。

（二）心脏和血管活动的体液调节

心血管活动的体液调节机制涉及血液中的特定化学物质、激素及代谢产物，这些成分通过血液循环对心脏和血管产生直接的影响。其中，肾上腺素和去甲肾上腺素是两种主要的调节物质。肾上腺素主要作用于心脏，能够增强心肌收缩力，加快心率，从而增加心血输出量，导致动脉血压升高。而去甲肾上腺素则对血管产生显著的调节作用，除了心脏、脑和肺部的血管外，对其他部位的血管都有收缩作用，这会增加外周阻力，进而使血压升高。这两种激素的协同作用，共同维持着心血管系统的稳定与平衡。

组织缺氧及代谢产物的累积，如二氧化碳和乳酸等，可直接诱发局部血管的舒张反应。这一生理机制对于活动器官的血液循环及代谢产物的有效清除具有至关重要的作用。在肾脏面临缺血状态时，肾小球旁复合体会分泌一种特定的蛋白分解酶，即肾素。肾素作用于血浆中的α-球蛋白，进而生成血管紧张素。血管紧张素具有显著的血管收缩功能，能够引发全身小动脉的收缩反应，从而导致血压升高。

任务三　心脏观察

一、目的要求

深入掌握心脏的形态构造，全面理解心脏搏动的活动规律以及血液在心血管系统中的流动特性。并在此基础上，精确阐述血液在全身循环运输过程中的原理，明确大小循环的概念，解析心音、血压以及脉搏的产生机制，为心血管疾病的预防和治疗提供科学依据。

二、材料用具

新鲜猪（或牛）心脏、专用的固定夹、经过消毒的纱布、外科专用的缝合线以及高质量的滤纸。

三、方法步骤

解剖心脏。

第一步，应细致观察心包的结构。心包由壁层（纤维层）和心外膜组成，它们之间形成了一个心包腔，此腔内含有适量的滑液，为心脏的正常运作提供了润滑和缓冲。

第二步，细致剥离心包，以全面揭示心脏的外形及内部结构。这包括心脏的冠状沟、室间沟等解剖标志，以及心房、心室等重要组成部分。同时，应详细辨识并指出连接在心脏上的各类血管的名称及其血流方向，以确保对心脏血液循环系统的深入理解。

第三步，进行右侧纵切操作，切开右心房和右心室、右心室口。首要任务是细致观察右心房与前、后腔静脉的入口，并使用直尺精确测量心房肌的厚度，详细记录数据。随后，将焦点转向右心室和肺动脉口的瓣膜，对右心室壁的厚度进行测量并记录，同时仔细检查乳头肌、腱索等结构。最后，要特别关注右房室瓣，注意腱索的附着点。

第四步，进行左侧纵切操作，切开左心室和左心房、左房室口。首要任务是观察左心室壁，精确测量其厚度，并与右心室壁及心房进行比较分析。随后，要观察左房室口的瓣膜，并与右房室瓣进行对比研究。在此基础上，进一步观察左心房，找到肺静脉的入口。最后，沿左房室瓣深面找到主动脉口，并进行纵形切口，以观察主动脉瓣的精细结构。

四、教学组织

将学生划分为两个小组，每个小组将接受为期一小时的系统化培训。培训期间，授课教师将全面细致地阐释操作规程，并通过实际演练来展示操作细节。待学生们基本掌握相关知识与技能后，教师将根据每个小组的特点和具体需求，为他们提供针对性地个别辅导。

项目九 淋巴系统

任务一 淋巴系统和免疫细胞

一、淋巴系统

淋巴系统由淋巴液、淋巴管道、淋巴组织和淋巴器官等要素构成，是机体免疫防护的重要基础，并与心血管系统保持着紧密的联系。淋巴液，作为淋巴管内的运载介质，属于液态结缔组织的一种。淋巴管，则是一个从组织间隙出发，最终汇入静脉系统的管状网络。淋巴组织，是机体内广泛分布的一种网状结构，富含淋巴细胞，包括弥漫性淋巴组织、孤立性淋巴小结以及集合性淋巴小结等多种形式。淋巴器官，是以淋巴组织为核心构成的实质性器官，按其功能特性可分为中枢淋巴器官和外周淋巴器官，二者通过血液循环和淋巴回流实现相互间的紧密联系，共同维护机体的免疫稳态。

（一）淋巴管道与淋巴回流

1.淋巴管道

淋巴生成后，会通过淋巴管道回流到血液中。淋巴管道是淋巴液流动的通道，根据其汇集顺序、口径大小以及管壁的厚度，可分为毛细淋巴管、淋巴管、淋巴干和淋巴导管。这些淋巴管道构成了淋巴循环系统的一部分，起着将淋巴液从组织中收集和转运到淋巴结，并最终返回到血液中的重要作用。淋巴循环系统的畅通有助于维持体液平衡、免疫功能和废物清除等生理功能的正常运作。

(1) 毛细淋巴管

毛细淋巴管是由单层内皮细胞构成的闭锁管道,起始于组织间隙的盲端,并且彼此吻合形成网状结构。除了在脑、脊髓、骨髓、软骨、上皮、角膜和晶状体等部位外,几乎全身各处都可以找到毛细淋巴管的存在。这些管道是淋巴系统中的重要组成部分,负责将组织中的淋巴液收集起来,并将其输送至淋巴结等淋巴器官进行处理和循环,以维持体内液体平衡和免疫功能的正常运作。

(2) 淋巴管

淋巴管乃由众多毛细淋巴管汇聚而成,其形态构造与小静脉颇为相似。然而,淋巴管径相对细小,数量却极为众多,彼此之间形成广泛的吻合网络。淋巴管内部,其内膜向内突入管腔,形成瓣膜结构,此瓣膜之出现,标志着毛细淋巴管向淋巴管的过渡阶段。瓣膜的存在,确保了淋巴液能够沿向心方向流动,有效防止淋巴逆流现象的发生。在淋巴回流较为困难的部位,如四肢的淋巴管,瓣膜数量相对较多,从而使得淋巴管外观呈现出串珠状的形态。淋巴管在向心流动的过程中,通常会经过一个或多个淋巴结。这些进出淋巴结的淋巴管,分别被称为输入淋巴管和输出淋巴管,它们在淋巴结内部形成淋巴窦。

(3) 淋巴干

淋巴干是指身体某一区域较粗大的淋巴管道,它们由浅、深淋巴管在向心过程中经过一系列的淋巴结后汇集而成。在动物体内,一共有5条淋巴干,包括左、右气管淋巴干(颈干)、左、右腰淋巴干,以及单一的内脏淋巴干。

(4) 淋巴导管

淋巴导管是体内最大的淋巴管道,由淋巴干汇集而成。全身有两条淋巴导管,即右淋巴导管和胸导管(也称左淋巴导管)。右淋巴导管收集右侧头颈部、肩部、前肢和右半胸壁以及右心、右肺的淋巴,一般注入前腔静脉或颈静脉;而胸导管位于腹主动脉和右膈脚之间,负责接收乳糜池、左右腰淋巴干和内脏淋巴干的淋巴,并最终注入前腔静脉或左颈静脉。乳糜池位于腹主动脉和膈脚之间,接收左右腰淋巴干和内脏淋巴干的淋巴注入其中。

2.淋巴回流

在血液循环的过程中,当血液流经毛细血管的动脉端时,部分血液成分会通过毛细血管壁滤出,进入组织间隙,进而形成组织液。组织液与周围的组织细胞和环境进行物质交换后,大部分组织液会经由毛细血管的静脉端重新吸收进入静脉系统,而少部分组织液则会进入毛细淋巴管,进而形成淋巴液(如图9-1所示)。因此,某一特定组织内的淋巴液成分与该组织的组织液成分十分相似。

在毛细淋巴管的起始端,内皮细胞的边缘呈现出类似瓦片状的相互覆盖结构,形成了向管腔内开启的单向活瓣。当组织间隙内的组织液积聚到一定程度时,组织中的胶原纤维与毛细淋巴管之间的胶原细丝能够将相互重叠的内皮细胞边缘拉开,从而在内皮细胞之间形成较大的缝隙。这种结构使得组织液及其中的大分子蛋白能够自由地进入毛细淋巴管,从而实现了组织液向淋巴液的转化过程。

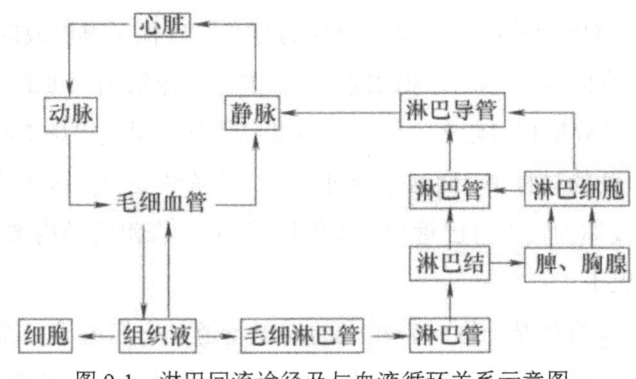

图 9-1　淋巴回流途径及与血液循环关系示意图

经过科学测算,动物在静态状态下,每日所产生的淋巴液总量与全身血浆总量大致相当。这种淋巴液与组织液以及毛细淋巴管内的压力差异,构成了组织液进入淋巴管的主要驱动力。当组织液压力升高时,淋巴液的生成速度将会相应加快。

淋巴液在淋巴管系统中呈现出向心性的流动路径,最终汇入静脉,形成体循环的一部分。因此,淋巴管在生理结构中扮演着静脉系统的辅助角色。此外,淋巴器官在生命体内发挥着至关重要的作用,它们不仅负责生成淋巴细胞,还参与淋巴液的过滤和抗体的产生,从而形成了体内关键的防御机制。淋巴管内的瓣膜结构通过其特定的活动规律,确保了淋巴液的单向流动,防止了逆流的发生。淋巴管壁的平滑肌收缩与瓣膜的协同作用,共同形成了淋巴管泵,有效地推动了淋巴液的流动。同时,淋巴管周围组织的各种压力变化，如肌肉收缩、邻近动脉的搏动以及外界物体对身体组织的压迫等，都能够促进淋巴的生成和淋巴管内的淋巴流动。最终，淋巴液通过淋巴导管进入前腔静脉，协助完成体液的回流，维持了体内环境的稳定。

淋巴作为体液的关键组成部分，承担着调节血浆与组织细胞间体液平衡的重要生理功能。此外，淋巴还具有免疫、防御和屏障等多重作用，能够有效回收组织液中的蛋白质并运输脂肪，以维护身体的正常生理机能。

（二）淋巴器官

淋巴器官是以淋巴组织为主，实现体内免疫功能的器官，因此又称为免疫器官。根据其结构和功能的不同，淋巴器官可分为中枢淋巴器官（或初级淋巴器官）和周围淋巴器官（或次级淋巴器官）。中枢淋巴器官包括骨髓、胸腺和禽类的腔上囊，这些器官是免疫细胞发生、分化和成熟的主要场所。而周围淋巴器官包括淋巴结、脾和血淋巴结等，这些器官主要是T细胞、B细胞定居和抗原进行免疫应答的场所。

1.骨髓

红骨髓在家畜体内扮演着至关重要的角色，它是形成各类淋巴细胞、巨噬细胞和各种血细胞的重要场所。淋巴细胞在骨髓内部经历分化与成熟过程，最终转化为B细胞。随后，这些B细胞进入血液和淋巴系统，积极参与机体的免疫反应，共同维护机体的健康与稳定。

2.胸腺

胸腺作为畜禽体内形成成熟T细胞的关键中枢淋巴器官，对于免疫系统的构建与维护具有至关重要的作用。在家畜体内，胸腺主要分布于颈部和胸腔纵隔内（如图9-2所示），其外观呈现红色或粉红色，质地柔软。值得一提的是，胸腺除了作为淋巴器官外，还兼具内分泌功能，其内部的网状上皮细胞能够分泌胸腺素。在这一过程中，骨髓中来源的淋巴干细胞受到胸腺素以及胸腺生成素等多重因素的诱导，经历增殖、分化、成熟的过程，最终转化为具有免疫功能的T细胞。这些成熟的T细胞随后进入外周淋巴器官，积极参与机体的免疫反应，共同捍卫畜禽的健康与安全。

1.腮腺；2.颈部胸腺；3.胸部胸腺

图 9-2 犊牛的胸腺

犊牛的胸腺发育良好，不仅胸部胸腺发达，颈部胸腺同样显著，延伸至喉部。然而，随着性成熟，胸腺逐渐退化，至老年期，大部分被脂肪组织所取代。对于牛而言，胸腺通常在 4～5 岁开始退化，而羊则在 1～2 岁。牛的胸腺呈粉红色，分叶状，柔软，颈部胸腺分为左右两叶，自胸前口沿气管、食管向前延伸至甲状腺附近。胸部胸腺则位于心前纵膈内。尽管胸腺在性成熟后逐渐退化，但并不完全消失，即使在老年期，仍可在胸腺原位的结缔组织中发现小块有活动的胸腺遗迹。

3.淋巴结

淋巴结是淋巴系统的重要组成部分，位于淋巴管路径上，多隐匿于凹窝或其他不易察觉之处。淋巴结的大小存在显著差异，大的淋巴结直径可达数厘米，而小的淋巴结直径仅为 1 mm。它们通常以群组的形式存在，呈现出球形、卵圆形、扁圆形等多种形态。

在活体状态下，淋巴结呈现淡红色，而在屠宰后的肉尸上则略显灰白色。淋巴结的一侧凹陷，形成了淋巴结门，这是血管、神经和淋巴管出入的关键部位；而另一侧则突出，汇聚了多条输入淋巴管。值得注意的是，一个淋巴结或淋巴结群往往位于身体的特定区域，负责接收并处理来自几乎相同区域的输入淋巴管。这些淋巴结或淋巴结群因此成为该区域的淋巴中心。

除此之外，淋巴结还承担着产生淋巴细胞的重要任务，是不可或缺的造血器官。如图 9-3 所示，这就是牛的浅层淋巴结的示意图，它清晰地展示了淋巴结在牛体内的分布和形态。

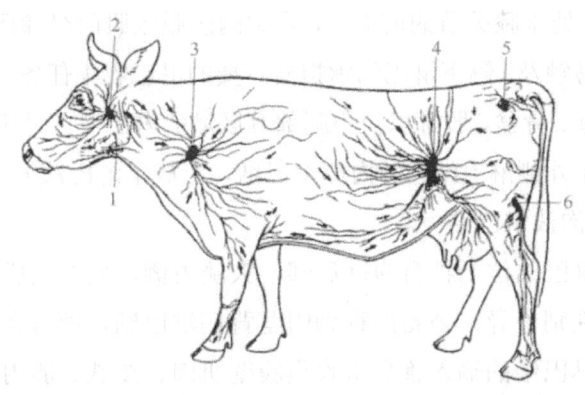

1.下颌淋巴结；2.腮腺淋巴结；3.颈浅淋巴结；4.髂下淋巴结；5.坐骨淋巴结；6.腘淋巴结

图 9-3　牛的浅表淋巴结

（1）下颌淋巴结

牛的颌下淋巴结位于下颌间隙内，血管切迹的后方，被胸下颌肌前部覆盖，与颌下腺前端相邻。它们的数量通常在 1~3 个。颌下淋巴结的输入淋巴管收集来自面部、鼻前部、口腔和唾液腺的淋巴液，输出管则将其注入咽后外侧淋巴结。

（2）腮腺淋巴结

腮腺淋巴结位于颞下颌关节后下方，可能部分或全部被腮腺所覆盖。通常牛有 1~4 个腮腺淋巴结，这些淋巴结的输入淋巴管负责收集头部皮肤、肌肉、鼻腔下半部、唇、颊、外耳和眼部的淋巴液，然后输出管将其汇入咽后外侧淋巴结。

（3）颈浅淋巴结

颈浅淋巴结，亦被称为颈前淋巴结，是一个重要的淋巴组织，通常表现为单一大型淋巴结。其精确位置位于肩关节的前侧，手臂头肌和肩胛横突肌的双重覆盖，形成了一道天然的保护屏障。在淋巴循环系统中，颈浅淋巴结扮演着至关重要的角色。其输入管负责收集来自颈部、前肢以及胸壁的淋巴液，经过淋巴结的过滤和净化后，再通过输出管汇入右气管淋巴干和胸导管，实现了淋巴液的有效循环和机体的免疫防护。

（4）髂下淋巴结

髂下淋巴结，亦被称作股前淋巴结或膝上淋巴结，是一处重要且显著的淋巴结。其位置处于膝关节的前上方，紧邻阔筋膜张肌前缘膝褶之中，因此在活体状态下容易触及。髂下淋巴结承担着重要的淋巴收集任务，其输入管负责汇集来自腹侧壁、骨盆、股部以及小腿部等区域的淋巴液。而其输出管则将这些淋巴液汇入髂外侧淋巴结和髂内侧淋巴结，形成了淋巴液循环的重要一环。

（5）腹股沟浅淋巴结

腹股沟浅淋巴结位于牲畜腹壁后部、大腿内侧，处于腹股沟管外环附近的皮下。由于性别差异，公畜的称为阴茎背侧淋巴结，而母畜的称为乳房上淋巴结。这些淋巴结的输入管负责收集腹壁肌肉、皮肤、股内侧、阴囊（或乳房）和外生殖器等处的淋巴液，输出管则将其汇入髂内侧淋巴结。

上述淋巴结均位于体表较浅部位，对于临床诊断具有重要参考价值。除此之外，还存在一些位于较深部位的淋巴结，它们在剖检过程中同样具有一定的意义。关于牛的深层淋巴结的具体位置，如图9-4所示。

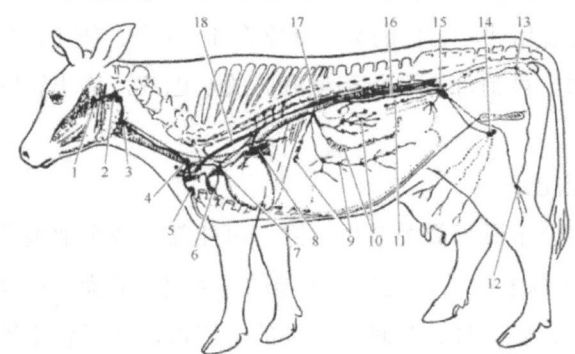

1.咽后内侧淋巴结；2.咽后外侧淋巴结；3.颈深前淋巴结；4.颈深后淋巴结；5.腋淋巴结；6.胸腹侧淋巴结；7.纵膈淋巴结；8.支气管淋巴结；9.腹腔淋巴结；10.肠系膜前淋巴结；11.肠系膜后淋巴结；12.腘淋巴结；13.坐骨淋巴结；14.腹股沟浅淋巴结；15.髂内侧淋巴结；16.腰淋巴干；17.乳糜池；18.胸导管

图9-4 牛的深层淋巴结

（6）咽后淋巴结

咽后淋巴结系统布局严谨，每侧均包含内、外两组淋巴结。其中，咽后内侧淋巴结以左右并列的方式分布于咽背外侧，而咽后外侧淋巴结则位于寰椎翼腹侧，深藏于腮腺和颌下腺之下。这些淋巴结承担着至关重要的淋巴收集任务，它们汇集来自口腔、下颌、外耳、唾液腺以及头部淋巴结（除翼肌淋巴结外）的淋巴液，进而形成左、右气管淋巴干，也即颈淋巴干，从而确保了淋巴液在体内的顺畅循环与有效过滤。

（7）颈深淋巴结

颈深淋巴结，位于甲状腺毗邻的气管两侧，细分为颈深前、中、后淋巴结。其输入管负责收集来自颈部肌肉、甲状腺、气管、食管、胸腺及肩臂部等区域的淋巴液。而输出管则汇入颈深中淋巴结、气管淋巴干、胸导管或颈外静脉，共同构成淋巴循环的重要部分。

（8）肺淋巴结

肺淋巴结数量若干，分布于肺门周边区域，并沿肺内支气管网络延伸。其中，输入管负责汇集肺部的淋巴液，而输出管则汇入气管支气管淋巴结或纵隔后淋巴结，共同维护肺部健康。

（9）胃淋巴结

牛胃淋巴结数量众多，且分布位置各异，各有其独特命名。具体来说，可细分为瘤胃右淋巴结、瘤胃左淋巴结、瘤胃前淋巴结、网胃淋巴结、瓣胃淋巴结、皱胃背侧淋巴结、皱胃腹侧淋巴结、瘤皱胃淋巴结和网皱胃淋巴结共计八个类别。这些淋巴结通过输入管收集相应部位的淋巴液，随后通过输出管汇集形成胃干，最终汇入腹腔干。整个系统体现了牛胃淋巴结的精细分布和有序功能。

（10）肝淋巴结

肝（门）淋巴结一般数量在 1～3 个之间，有时可能多达 10 个，这些淋巴结位于肝门附近，沿着门静脉的分布。它们的输入管负责收集来自肝、胰腺、十二指肠和皱胃等部位的淋巴液，然后输出管汇合形成肝干，最终与胃干汇合形成内脏干。

（11）髂外淋巴结

髂外淋巴结位于牛旋髂深动脉前、后支处，通常是一群淋巴结，但牛常常只有一个。这些淋巴结的输入管负责收集来自骨盆壁和盆腔内脏等处的淋巴液，而输出管则将其汇入髂内侧淋巴结。

（12）髂内淋巴结

髂内淋巴结位于左、右髂外侧动脉起始处附近，是一大群淋巴结。其中，在左、右髂内侧动脉夹角内的淋巴结又被称为荐淋巴结。这些淋巴结在兽医卫生检验中具有重要作用。它们的输入管负责收集来自腰荐部、尾部、腹壁后部、后肢等处的淋巴液,而输出管则将其汇入左、右腰干。

(13)腘淋巴结

腘淋巴结的位置处于股二头肌与半腱肌的夹缝之间,且深藏于腓肠肌外侧头的脂肪组织中。

4.脾脏

脾脏是体内最大的淋巴器官之一,占据着约1/4的全身淋巴组织总量。在牛的身体中,脾脏呈长而扁的椭圆形,具有灰蓝色,稍硬的质地,位于瘤胃背囊的左前方。它的前面与膈相邻,后面与瘤胃相接。而在羊的身体中,脾脏则呈扁平叶状,呈现红紫色,质地柔软,附着于瘤胃背囊的前上方。

5.血淋巴结

在牛、羊等动物的体内,血淋巴结是一种常见的组织结构,其体积相对较小,形态上通常呈现为圆形或卵圆形,颜色为紫红色,直径5~12 mm。尽管血淋巴结在结构上与淋巴结相似,但缺乏淋巴输入管和输出管,其主要成分是血液而非淋巴液。血淋巴结主要分布在主动脉的附近、胸腹腔脏器的表面以及血液循环的关键路径上,其周围往往被脂肪组织所环绕。

二、免疫细胞

免疫系统内的细胞构成广泛而复杂,其中包括各类淋巴细胞,如T细胞、B细胞、K细胞以及NK细胞,此外还有单核巨噬细胞和粒细胞等。相较之下,免疫活性细胞特指那些能够特异性识别抗原,并在接受抗原刺激后,产生抗体或淋巴因子,从而启动特异性免疫应答反应的细胞群体。在这些细胞中,T细胞和B细胞无疑占据了最为重要的地位。

(一)T细胞

T细胞源于骨髓,经过胸腺的成熟过程后,进入血液和淋巴液循环。这些成熟的T细胞在机体内发挥着至关重要的作用,它们能够直接攻击并消灭靶细胞，协助或抑制 B 细胞产生抗体，以及产生细胞因子等生物活性物质。这些功能使得 T 细胞成为机体抵抗疾病感染、预防肿瘤形成的重要力量。

（二）B 细胞

B 细胞源于骨髓，受抗原刺激后发育成熟并转移至脾脏，多数 B 细胞将分化为浆细胞，其内部富含内质网，能够合成并分泌大量抗体，积极参与免疫应答。若未受抗原刺激，数日后将有大量 B 细胞凋亡。与 B 细胞不同，T 细胞并不产生抗体，而是通过直接作用实现免疫效果，这一过程被称为细胞免疫。相对而言，B 细胞通过分泌抗体发挥作用，抗体分布于体液中，故 B 细胞的免疫方式称为体液免疫。在多数情况下，B 细胞在形成抗体的过程中需要 T 细胞的协助。然而，在某些特定情境下，T 细胞也会对 B 细胞产生抑制作用。当抑制性 T 细胞因感染、辐射或胸腺功能紊乱等因素导致功能减弱时，B 细胞将失去 T 细胞的调控，进而功能亢进，可能产生大量自身抗体，进而诱发多种自身免疫性疾病，如系统性红斑狼疮、慢性活动性肝炎、类风湿性关节炎等。同时，B 细胞也在某些情况下对 T 细胞的功能产生调控作用。综上所述，无论是细胞免疫还是体液免疫，均构成了机体精细、复杂且完善的免疫防御体系。

（三）K 细胞

K 细胞在机体免疫系统中发挥着非特异性杀伤作用，虽然它不能独立对靶细胞进行攻击，但一旦与抗体结合，其杀伤力将显著增强。这种细胞能够有效清除体内的肿瘤细胞以及被微生物或寄生虫感染的异常细胞，从而维护机体的健康与稳定。

（四）NK 细胞

自然杀伤细胞，简称 NK 细胞，是一种无需抗体介导和抗原刺激的免疫细胞。它能主动识别并攻击靶细胞，对肿瘤细胞和病毒感染细胞具有强大的杀伤作用，是机体免疫系统中的重要组成部分。

（五）单核巨噬细胞

单核巨噬细胞是广泛分布于多个器官与组织中的一类具有高效吞噬功能的细胞群体。这些细胞均源于单核细胞，它们在人体内扮演着重要的角色。具体而言，单核巨噬细胞包括肺部的尘细胞、疏松结缔组织中的组织细胞、肝窦内的库普弗细胞、血液中的单核细胞、脾脏中的巨噬细胞，以及脑和脊髓中的小胶质细胞等。

（六）粒细胞

粒细胞作为白细胞的一种，其显著特征在于细胞质中包含特定的颗粒。这一类别涵盖了中性粒细胞、嗜酸性粒细胞以及嗜碱性粒细胞。中性粒细胞以其出色的吞噬细菌能力和抗感染功能著称，不仅如此，它还能与抗体和抗原结合，形成中性粒细胞-抗体-抗原复合物，从而显著增强对抗原的吞噬作用，积极参与并推动机体的免疫进程。

嗜酸性粒细胞在免疫反应中起着关键作用，特别是在对抗寄生虫方面，表现出强大的效力。而嗜碱性粒细胞则参与到体内的过敏反应和变态反应过程中，这些生理活动共同维持了生命体的健康状态并增强了疾病抵抗能力。

淋巴系统相关视频讲解见资源9-1。

资源9-1

任务二　淋巴结和脾组织构造的观察

一、目的要求

深入理解和掌握淋巴结与脾的精细组织结构，对于提升医学理论水平和实践能力具有重要意义。

二、材料用具

淋巴结和脾组织切片、显微镜。

三、实训方法

（一）先用低倍镜后用高倍镜观察淋巴结的构造

淋巴结外层，覆盖着一层被膜，保护淋巴结内部结构。在淋巴结中，血管和淋巴管的交汇处，即淋巴结门，是淋巴结的重要通道。淋巴结的外周部分，颜色较深，是皮质部，内含球形小体，称为淋巴小结。淋巴小结中央部分颜色较淡，称为生发中心，是淋巴小结的重要组成部分。淋巴小结周围的空隙，称为皮质淋巴窦，有助于淋巴液的流通。皮质部内部，颜色较浅的部分，是髓质部，内含许多不规则的淋巴组织，称为髓索。髓索之间分布的小块，称为小梁，是淋巴结内部结构的支撑。髓索与小梁之间的稀疏部分，称为髓质淋巴窦，有助于淋巴液的流通和过滤。

（二）先用低倍镜后用高倍镜观察脾的构造

脾脏的外围覆盖着一层被膜，且这层被膜深入脾脏内部，形成了众多的小梁结构。在显微镜下的切片观察中，可以清晰地看到众多呈球状的脾小结，以及贯穿其中的中央动脉。而在脾小结之间，分布着富含红色淋巴组织的区域，这被称为红髓，其内部含有血窦结构。

四、教学组织

将学生划分为两个小组，每个小组将接受为期一小时的系统化培训。培训期间，授课教师将全面细致地阐释操作规程，并通过实际演练来展示操作细节。待学生们基本掌握相关知识与技能后，教师将根据每个小组的特点和具体需求，为他们提供针对性地个别辅导。

项目十 神经系统

任务一 神经系统概述

神经系统作为高等动物机体功能调节的核心组成部分,与各器官组织及内分泌系统紧密相连,共同维护着机体的正常生理功能。在畜禽养殖领域,神经系统的健康状态直接关系到众多技术措施的实施效果,同时也是疾病诊疗与防控工作的重要依据。

一、神经元与神经胶质细胞的功能

（一）神经元的基本功能

在神经系统中,神经元占据着举足轻重的地位。作为神经系统的基本构成单元和功能执行者,神经元遍布于脑、脊髓及周围神经系统中,肩负着传递与处理信息的重大职责。

神经元由细胞体和突起两大部分构成,其中细胞体是神经元的核心控制区域,内含细胞核和细胞质等关键组成部分。突起部分则细分为轴突和树突,轴突的主要职责是传导神经冲动至其他神经元或效应器,而树突则主要负责接收并整合来自其他神经元的神经冲动。

神经元在受到刺激时,会启动一系列的生物电和化学反应机制。这一机制使得细胞膜内外的电位差发生相应变化,进而形成动作电位。动作电位会沿着轴突进行传导,并将神经冲动有效传递至其他神经元或效应器。这一过程在维持生物体正常生理功能和内环境稳态方面发挥着至关重要的作用。

神经元借助突触相互勾连，构建出繁复的神经网络体系。这一神经网络体系不仅具备监测与调节生物体内部环境稳态的功能，还能有效处理与解析外部刺激信息，从而使得生物体得以适应外部环境的多变挑战。

神经元作为神经系统的基本结构和功能单元，发挥着无可替代的作用。它们通过接收和响应各种刺激，产生兴奋并传导至整个神经系统，从而实现对生物体内外环境的精确感知和适时调节。这一机制为生物体的生存和适应提供了重要的保障，进一步凸显了神经元在维持生命活动中的关键角色。

（二）神经纤维的兴奋传导

1.神经纤维传导兴奋的核心特性

结构稳定、电绝缘优良、兴奋双向传递、局部耐受性强、传导强度恒定。

2.神经纤维直径对传导速度的影响

神经纤维直径的扩大将促进传导速度的加快。

二、突触传递

（一）突触的分类

根据突触前后神经元的构成方式，突触可被划分为轴-树突触、轴-体突触和轴-轴突触三种类型。

（二）突触的微细结构

1.突触前膜

突触前膜含有兴奋性介质或抑制性介质，这些介质在神经信号传递过程中起着至关重要的作用。

2.突触间隙

突触间隙是突触前膜与突触后膜之间的空隙，是神经信号传递的必经之路。

3.突触后膜

突触后膜上分布有受体，这些受体能够识别并接收来自突触前膜的神经递质，进而引发神经信号的传递。

（三）化学性突触传递的机理

1. 兴奋性突触传递
2. 抑制性突触传递
3. 动作电位在突触后神经元的产生

（四）突触传递的特性

信息单向传递、突触传递延迟、信息汇总处理、对环境变化高度敏感且易产生疲劳现象。

（五）神经递质及受体

神经递质及其受体在生物体内发挥着至关重要的作用。其中，乙酰胆碱及其受体、儿茶酚胺及其受体是两种重要的神经递质受体系统。

三、反射

（一）反射和反射弧

反射是机体在中枢神经系统的调控下，对外部环境刺激和内部生理状态变化所做出的有序、规律性反应。这一过程确保了机体在面对各种刺激时，能够迅速、准确地作出适应性的调整，从而维持生命活动的正常进行。

（二）中枢兴奋过程的特征

中枢兴奋过程的特征主要体现为五个方面：一是单向传导，即兴奋信号在神经系统中按照特定路径单向传递，确保信息的有序流通；二是延搁，即兴奋信号在传递过程中会受到一定的时间延迟，这是神经系统对信息处理的必要环节；三是总和，即多个兴奋信号在特定部位进行整合，形成统一的神经冲动，以实现更为复杂的神经调节功能；四是扩散，即兴奋信号在神经系统中具有一定的扩散性，能够影响多个神经元的活动；五是集中，即兴奋信号在特定区域形成集中效应，使相关神经元产生协同作用，共同完成特定的生理功能。

四、神经系统的感觉分析功能

（一）感受器

动物用以感知外界事物和机体内环境各类刺激的器官，是生物体与外界环境进行信息交流的重要媒介。

（二）感觉投射系统

该系统包含特异性投射系统与非特异性投射系统两大组成部分。特异性投射系统负责将特定感觉信息精确传递至大脑皮质相应区域，以实现精准感知。非特异性投射系统则广泛投射至大脑皮质的多个区域，通过调节兴奋和抑制状态，参与形成机体的各种感觉、睡眠与觉醒状态。

（三）大脑皮层的感觉代表区

大脑皮层的感觉中枢区域，承担着处理与解析来自外界的各种感觉信息的任务。参照布鲁德曼的大脑皮层分区图谱，这些感觉中枢区域可划分为初级、次级及高级感觉区。这些特定的脑区负责精准地处理与整合触觉、视觉、听觉、嗅觉及味觉等多种感官信息，从而确保个体能够对外界环境做出准确、及时的感知与反应。

五、神经系统对躯体运动的调节

（一）脊髓

屈肌反射、牵张反射以及肌紧张均为脊髓的基本反射类型，对维持机体姿势和运动协调性具有重要意义。

（二）脑干

脑干结构复杂，包含延髓、脑桥、中脑和间脑等多个关键部位。

（三）小脑

小脑在维持生命体平衡方面发挥着至关重要的作用。通过其独特的神经调节和协调机制，小脑精准地控制着生命体的各种动作和姿势，保证生命体在各种复杂环境中都能够保持稳定的平衡。这一功能的重要性不言而喻，它是生命体正常运动和生存的重要保障。

（四）大脑

大脑的结构与功能复杂而精细，其中锥体系统和锥体外系统是两个至关重要的组成部分。锥体系统主要负责处理信息、协调肌肉运动等高级认知功能，而锥体外系统则更多地与调节肌肉张力、维持姿势平衡等基础生理功能相关。两者相互协作，共同维持着大脑的稳定与高效运作。

六、条件反射

（一）非条件反射与条件反射的区别

非条件反射与条件反射在神经中枢的控制、反应模式及功能意义上有明显的区分。非条件反射是生物体天生具备的反应方式，主要由大脑皮层以下的神经中枢控制，它帮助生物体适应稳定不变的环境。而条件反射则是基于非条件反射，通过后天的学习与经验积累，以及大脑皮层的深度参与，形成的暂时神经联系。这种联系使生物体在面对复杂多变的环境时，能够作出更加精准和适应性强的反应。非条件反射与条件反射共同构建了生物体对外界刺激作出反应的神经机制基石，共同维护着生物体的生存与发展。

（二）条件反射的形成

条件刺激与非条件刺激在时序上的有机结合。

（三）影响条件反射形成的因素

影响条件反射形成的两大核心要素，刺激与机体状态。

首先，刺激是条件反射形成的触发机制。无论是外部的物理刺激、化学刺激，还是生物性刺激，它们都能通过特定的感官器官被机体接收并转化为神经信号。这些信号在神经系统中传递，进而引发一系列反应，最终建立起条件反射的联系。

其次，机体状态对条件反射的形成具有重要影响。机体的生理状态、神经系统结构以及过去的经验等因素都会影响到其对刺激的反应方式和强度。例如，一个健康的机体往往能够更快速、更准确地建立起条件反射，而一个处于疲劳或疾病状态的机体则可能反应迟钝或无法形成条件反射。

（四）条件反射的生物学意义

在生物学领域，条件反射占据着举足轻重的地位，其重要性不容忽视。通过条件反射，生物体得以深入剖析外部环境，并据此作出恰如其分的反应。这一过程不仅提升了生物体对复杂多变环境的适应能力，更在关键时刻保障了其生存能力。

首先，条件反射使生物体能够对不同刺激作出区分。在生活过程中，生物体需要对各种刺激进行识别和区分，以便采取适当的应对措施。条件反射使得生物体能够根据刺激的特点和规律，预先做出不同的反应，从而更好地适应外界环境。

其次，条件反射提高了生物体的适应性和灵活性。与非条件反射相比，条件反射的数目是无限的，这意味着生物体可以在非条件反射的基础上，不断学习和适应新的刺激。这使得生物体具有更大的预见性、灵活性和适应性，从而在复杂多变的环境中生存。

此外，条件反射还具有高度的可塑性。在生物体的生命过程中，条件反射可以根据环境和需求进行调整和改变。这使得生物体能够在外界环境发生变化时，迅速调整自身的反应方式，从而保证生存和繁衍。

任务二 中枢、外周神经及其生理功能

一、中枢神经

（一）脊髓

1.脊髓的形态位置

脊髓位于椎管内，前端与延髓相连，后端达荐骨中部，呈背腹稍扁的圆柱状（图10-1）。根据部位不同，脊髓可分为颈部、胸部、腰部、荐部和尾部几段。脊髓全长粗细不等，有两个呈梭形的膨大部分，颈后部和胸前部的称为颈膨大，发出支配前肢的神经；腰荐部的称为腰膨大，发出支配后肢的神经。脊髓背侧有背正中沟，腹侧有腹正中裂。背正中沟左右两侧分别发出脊神经背根，腹正中裂左右两侧分别发出脊神经腹根。

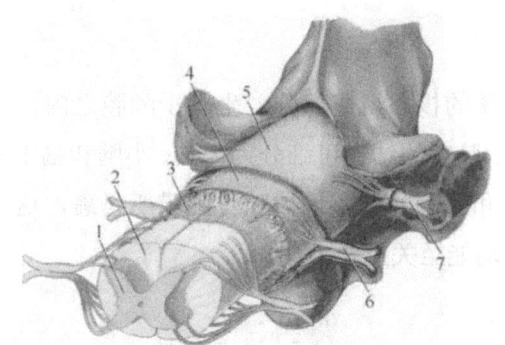

1.灰质；2.白质；3.软膜；4.蛛网膜；5.硬膜；6.脊神经节；7.脊神经

图10-1 脊髓和脊髓膜模式图

2.脊髓的结构

（1）灰质

脊髓灰质以"H"形呈现，色泽灰暗，位居脊髓正中；白质则呈白色，环绕灰质周边。脊髓中央位置为脊髓中央管，其前端通向第四脑室，后端延伸至脊髓圆锥内的终室。脊髓灰质主要由大量的神经元胞体、少量的神经纤维

和神经胶质细胞组成。在横切面上,灰质两侧清晰可见背侧和腹侧两个突起,分别被命名为背角和腹角。在胸腰段的灰质外侧、腹角的基部,存在一浅显的隆起,被称作侧角。背角、侧角、腹角在脊髓前后连贯,形成柱状结构,分别命名为背侧柱、外侧柱和腹侧柱。背侧柱内主要包含中间神经元的胞体,腹侧柱内则含有运动神经元的胞体,而外侧柱内则主要含有交感神经节前神经元的胞体。

(2)白质

白质主要由有髓纤维所组成的纤维束构成,其在神经系统中占据重要地位。依据其在神经系统中的位置差异,白质可被细致划分为背侧索、外侧索和腹侧索三大部分。背侧索主要由脊神经感觉神经元的中枢突构成,这一区域主要负责感觉信息的传导,因此被称为感觉传导束。外侧索则更为复杂,它包含位于深层的运动传导束和位于浅部的感觉传导束,两者共同维持着神经系统的运动与感知功能。腹侧索则主要由运动传导束构成,是控制肌肉运动的关键区域。

(二)脑

脑作为神经系统的核心组成部分,坐落于颅腔之内,其后端通过枕骨大孔与脊髓紧密相连。脑部的结构可细分为大脑、小脑和脑干(如图10-2所示)。值得注意的是,脑和脊髓的外部均被脑脊髓膜所包裹,这一结构对于保护中枢神经系统的正常功能至关重要。

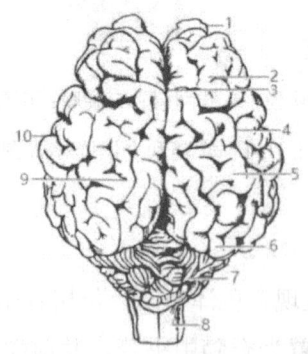

1.嗅脑;2.额叶;3.大脑纵裂;4.脑沟;5.脑回;6.枕叶;7.小脑半球;8.延髓;9.顶叶;10.颞叶

图10-2 牛脑背面

1.脑干

脑干自后向前划分，依次为延髓、脑桥、中脑及间脑。在解剖位置上，大脑位于前方，脑干则坐落于大脑与脊髓之间，而小脑则位于脑干的背侧与大脑之间。脑干不仅是脊髓的直接延伸，还由灰质和白质构成。在结构联系上，脑干与视觉、听觉及平衡等感觉器官紧密相连，同时是内脏活动的反射中枢。它在大脑高级中枢与各级反射中枢之间起到了重要的桥梁作用，也是沟通大脑、小脑与脊髓之间的关键通道。

（1）延髓

延髓，作为脊髓的向前延伸部分，其形态与脊髓相似，呈现出前宽后窄、上下略扁的锥形体结构（如图10-3所示）。在腹侧正中两侧，各有一条纵行隆起，被称为延髓锥体，其中穿行着皮质脊髓束。在延髓与脊髓的交界处，锥体内的大部分纤维越过中线，实现左右交叉，进而形成锥体交叉。此外，延髓内含有6~12对脑神经核，以及网状结构，这些结构中蕴藏着许多生命活动中枢，例如心血管运动中枢、呼吸运动中枢，以及负责唾液分泌、吞咽、呕吐等功能的反射中枢。

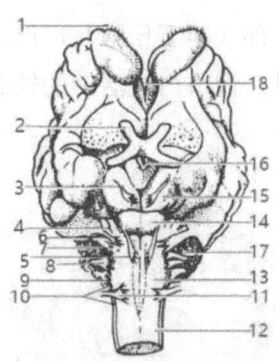

1.嗅神经；2.视神经；3.动眼神经；4.三叉神经；5.展神经；6.面神经；7.前庭蜗神经；8.舌咽神经；9.迷走神经；10.副神经；11.舌下神经；12.脊髓；13.延脑；14.脑桥；15.中脑；16.漏斗和灰结节；17.小脑；18.大脑纵裂

图10-3　牛脑腹面

（2）脑桥

脑桥位居小脑之下，前接中脑，后连延髓，是中枢神经系统的关键部位。其腹侧面横向隆起，内含丰富的横向纤维，与小脑紧密相连，共同维护着机体的平衡与协调功能。背侧面则构成第四脑室底壁的前部,对于脑液的循环与代谢起着至关重要的作用。

(3) 中脑

中脑位于脑干中间位置,具有重要的解剖结构和功能特征。它内部含有中脑导水管,连接着第三脑室和第四脑室,起着液体循环的重要作用。其腹侧的大脑脚与运动功能相关,而背侧的四叠体则参与视觉和听觉反射。

(4) 间脑

间脑,位于中脑与大脑之间,被两侧大脑半球所覆盖,其内部含有第三脑室。间脑可细分为丘脑与丘脑下部(如图10-4所示)。丘脑,呈现为一对卵圆形的灰质团块,通过中央灰质形成的丘脑中间块相互连接,其周围的环状裂隙即为第三脑室。该脑室前方通过左、右室间孔与大脑半球内的侧脑室相连通,后方则通过中脑导水管与第四脑室相互贯通。在丘脑后部背外侧,存在两个隆起,分别被称为内侧膝状体和外侧膝状体。前者作为听觉冲动传向大脑皮质的联络站,后者则担任视觉冲动传向大脑皮质的联络站。此外,在丘脑背侧后方与四叠体之间,存在一个卵圆形小体,被称为松果体,属于内分泌腺的一部分。丘脑下部(即下丘脑),位于丘脑的腹侧部,包含脑垂体、视交叉等重要结构,以及调节内脏活动的较高级中枢,还有视上核和室旁核等关键核团。

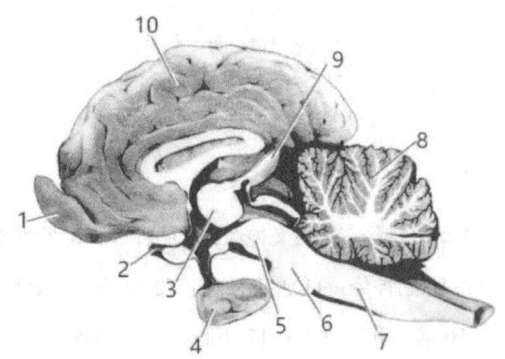

1.嗅球;2.视神经;3.丘脑;4.脑垂体;5.中脑;6.脑桥;7.延髓;8.小脑;9.松果体;10.边缘叶

图10-4 牛脑正中矢状面

2.小脑

小脑呈近似球形结构,坐落于大脑的后部,位于延髓和脑桥的背侧,并构成第四脑室的顶壁。其表面分布着丰富的沟壑与回环，被两条纵向沟壑分割成中间的蚓部与两侧的小脑半球。小脑的外层由灰质构成，被称为小脑皮质，而其内部则由白质构成，被称为小脑髓质。髓质以树枝状形态深入小脑的各个叶片，形成了独特的髓树结构。小脑的主要职责在于调节躯体的运动平衡，以确保身体的稳定与协调。

3.大脑

大脑即端脑，坐落于脑干的前背侧。其后端通过大脑横裂与小脑明确分界，而背侧正中的大脑纵裂则将大脑科学划分为左、右两个大脑半球，二者通过胼胝体紧密相连。在这两个严谨构建的大脑半球内，各自存在一个不规则的腔隙，即侧脑室，该腔隙通过室间孔与第三脑室实现精确联通。每个大脑半球均严谨由大脑皮质、白质、嗅脑、基底核等核心结构构成。

大脑皮质，即大脑半球表层的灰质，呈现出凹凸不平的形态。其中，凸起部分被命名为脑回，而凹陷部分则被称为脑沟。每一大脑半球根据功能与位置的差异，被细致划分为额叶、枕叶、顶叶、颞叶和边缘叶等多个区域。

大脑皮质深部的白质，由三大类别的纤维构成，它们各自承担着不同的功能。联络纤维，其主要作用在于连接同侧大脑半球的各个叶区，确保信息在半球内的顺畅流通；连合纤维，则负责连接两侧大脑半球，实现两半球间的信息传递与交流，其中的关键结构如胼胝体，在神经传导中发挥着至关重要的作用；而投射纤维，则扮演着大脑皮质与皮质下中枢之间的桥梁角色，确保信息的上传下达。这些纤维按其走向，可分为上行纤维和下行纤维两类，前者主要负责感觉信息的传递，后者则主要承担运动指令的下达。

嗅脑位居大脑腹侧，涵盖嗅球、嗅束、嗅三角、梨状叶及海马等诸多构造。其中，部分构造与嗅觉功能紧密相关，而另一些则与嗅觉无直接联系。嗅脑作为大脑边缘系统的重要组成部分，承载着更为复杂且多样化的功能。

（三）脑脊髓膜和脑脊髓液

脑和脊髓表面均覆盖有三层结缔组织膜，自内而外分别为软膜、蛛网膜和硬膜。软膜结构薄弱，却血管丰富，紧密贴合于脑和脊髓之上，分别被称作脑软膜和脊软膜。深入各脑室的脑脊膜含有丰富的毛细血管丛，被称之为脉络丛，它是脑脊液的重要生成来源。蛛网膜透明度高，位于软膜之外，二者之间形成的不规则腔隙被称为蛛网膜下腔，内部含有脑脊液。硬膜是一种白色的致密结缔组织膜，它包裹在蛛网膜之外。脑硬膜与颅腔壁紧密相连，其间并无腔隙。而脊硬膜与椎管之间则存在一宽阔的腔隙，即硬膜外腔，其中含有静脉和大量脂肪，并有脊神经穿行。在临床上，硬膜外腔常被用作麻醉药物的注射部位，以达到阻滞脊神经传导的目的。

脑脊液，这一无色透明的液体，源自脑室内的脉络丛，广泛分布于脑室、脊髓中央管及蛛网膜下腔。它不仅承载着运输营养物质和代谢产物的重要功能，而且在减轻震荡、保护脑和脊髓方面发挥着至关重要的作用。

二、外周神经

外周神经系统在神经生物学中扮演着桥梁的角色，将感受器的信息传递给中枢神经系统，并将中枢神经系统的指令传送到效应器。脑神经与脊神经负责不同区域的信息传递与控制，而植物性神经则调节着自主神经系统的功能。

（一）脑神经

脑神经是连接大脑和身体其他部位的重要神经通道，共12对。它们在功能上呈现出多样性，有些负责传递感觉信息，有些控制运动，还有些同时具备感觉和运动功能。此外，部分脑神经还承载副交感神经纤维，参与调节自主神经系统的活动。

（二）脊神经

脊神经源自脊髓，经椎间孔或其外侧孔穿出，形成背侧根（感觉根）和腹侧根（运动根）的集合体，是一种典型的混合神经。一旦伸出，其体神经部分可明确区分为背侧支和腹侧支。背侧支主要分布于脊柱背侧的肌肉和皮肤，而腹侧支则广泛分布于脊柱腹侧及四肢的肌肉和皮肤，确保机体感知与运动的协调统一。

主要脊神经腹侧支及其分支分布如下。

1.膈神经

膈神经作为膈肌的主要运动神经，其构成源于第5～7颈神经腹侧支的分支。该神经沿着斜角肌的腹侧缘向后延伸，穿越胸前口进入胸腔，随后沿胸腔纵隔的两侧继续向后延伸。在此过程中，膈神经横跨心包，最终分布于膈肌。特别地，右侧膈神经的后部遵循后腔静脉的路径，于腔静脉褶中向后行进。

2.肋间神经

肋间神经，作为胸神经的重要分支，位于肋间隙内，紧贴肋骨后缘向下延伸。它与相应的血管紧密相伴，主要负责肋间肌的神经支配。肋间神经最终抵达第1腰椎横突的顶端前下方，分化为深、浅两支，随后离开肋弓，向腹侧壁前下部分布，确保相应区域的神经传导与调节功能。

3.髂腹下（后）神经

髂腹下（后）神经作为第1腰神经的腹侧支，其在牛体内的行径路径明确，具体为第3腰椎横突腹侧及末端的外侧缘下行。这一神经的分布范围涵盖了腹肌和腹部皮肤，对于维持牛的正常生理功能具有重要意义。

4.髂腹股沟神经

髂腹股沟神经，作为第2腰神经的腹侧支，其走向与功能在人体解剖学中占有重要地位。该神经自腰大肌与腰小肌之间向后下方延伸，其分支深入这两块肌肉之中。随着神经的延伸，其在第4腰椎横突末端外侧缘进一步分化为浅、深两支。这两支神经的分布范围广泛，主要分布于腹肌、腹壁以及股内侧皮肤，为这些区域提供必要的神经支配和感知功能。

5.四肢的神经

前肢的神经分布源于臂神经丛，该神经丛位于肩关节的内侧，是由第6～8颈神经的腹侧支，以及第1和第2胸神经的腹侧支共同组成。从臂神经丛发出的主要神经包括肩胛上神经、肩胛下神经、腋神经、桡神经、尺神经和正中神经等，其中，正中神经为前肢最长的神经。

而后肢的神经分布则源自腰荐神经丛，此神经丛由第4～6腰神经和第1至第2荐神经的腹侧支所构成。腰荐神经丛主要发出的神经有股神经、坐骨神经、胫神经、腓神经等，其中，坐骨神经为全身最粗大的神经。

任务三 脑、脊髓形态构造和外周神经的观察

一、目的要求

第一,深入理解和掌握脑与脊髓的形态结构,奠定神经科学研究的基础。

第二,基本掌握外周神经的位置及其分布,确保神经科学研究的精确性和有效性。

二、材料用具

大脑构造模型、脑脊髓浸制展示品。

正中矢状切面大脑标本,全面展示脑部构造及脑室布局。

脑脊髓形态结构样本,脑干详细展示品。

外周神经遗体标本及相关教育图表。

三、实训方法

先观察脊髓的下列构造(图10-5)。

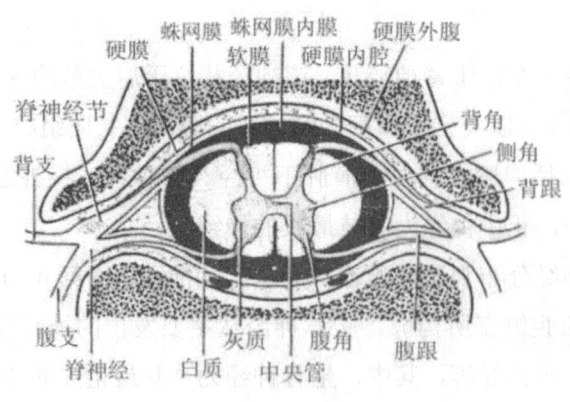

图 10-5 脊髓构造模式图

再观察脑的下列构造，马脑（底面）结构示意图（图10-6）。

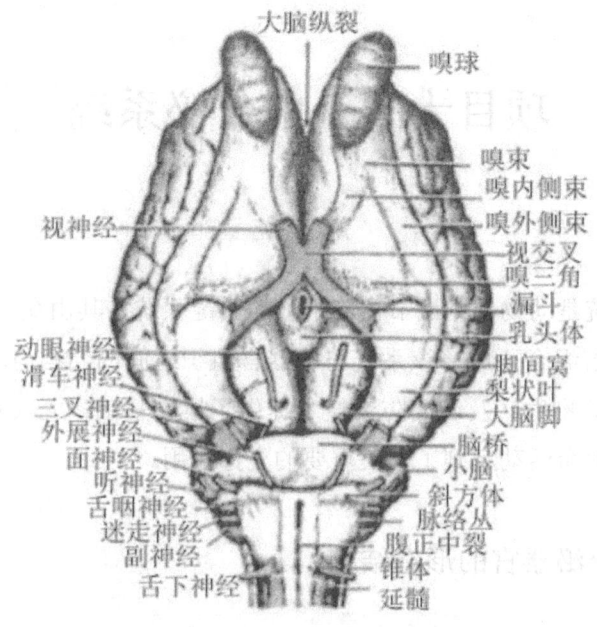

图10-6　马脑（底面）结构示意图

四、教学组织

将学生划分为两个小组，每个小组将接受为期一小时的系统化培训。培训期间，授课教师将全面细致地阐释操作规程，并通过实际演练来展示操作细节。待学生们基本掌握相关知识与技能后，教师将根据每个小组的特点和具体需求，为他们提供针对性地个别辅导。

项目十一　内分泌系统

内分泌系统是动物体内调节体液平衡的关键系统，其由众多器官、组织、细胞及分子精密组合而成。该系统与各器官组织之间的结构与功能关系紧密相连，为众多动物生产及疾病防治技术提供了根本基础，尤其对于调控代谢和繁殖等关键生命活动起到了至关重要的支撑作用。

一、内分泌器官的形态结构

动物体内部分细胞所释放的化学物质，不通过导管系统排至体外或器官内腔，而是直接进入血液循环或组织液，发挥其生理调节作用。这种独特的分泌方式被称为内分泌，而执行这一功能的细胞则被称为内分泌细胞。这些内分泌细胞所释放的化学物质，因其高效的生物活性，被统称为激素。

在动物机体内，内分泌细胞分布广泛，部分细胞集中形成内分泌腺，如脑垂体、甲状腺和肾上腺等，它们各自承担着重要的生理功能。同时，还有一些内分泌组织存在于其他器官之中，如胰岛、黄体和卵泡等，它们在维持机体平衡方面发挥着不可或缺的作用。此外，也有部分内分泌细胞散在于全身各处，如消化道黏膜和肾脏等器官之中，它们所分泌的激素遍布全身，对于本系统的调节作用至关重要。内分泌系统是由内分泌腺、内分泌组织和内分泌细胞所组成的一个复杂系统，它们在动物机体内发挥着重要的调节作用。在动物机体的其他系统中，具有这种多层次组成特征的典型代表是与循环系统密切相关的免疫系统，其次是神经系统。

内分泌系统与神经系统共同承担着调节机体各项生理功能、维护内环境稳定的重要任务，二者在功能上形成密切的配合关系。内分泌系统通过分泌激素，而神经系统则利用神经冲动的形式，传递各类调节信息。这些信息通过体液途径，广泛、持续且深入地调节着机体的新陈代谢、生长发育及生殖等关键生命过程。

（一）脑垂体

脑垂体位于颅腔底部蝶骨的垂体窝内，呈扁圆形，红褐色。它通过垂体柄与丘脑下部相连，分为腺垂体和神经垂体两部分。腺垂体包括结节部、远侧部和中间部，而神经垂体则包括神经部和漏斗。远侧部和结节部构成脑垂体的前叶，中间部和神经部则组成后叶。脑垂体负责分泌多种关键激素，包括生长激素、催乳激素、促甲状腺素、尿促卵泡素、黄体生成素和促肾上腺皮质激素等，调节和影响其他内分泌腺及内分泌组织的活动。

（二）甲状腺

牛甲状腺位于喉部之后，气管软骨环的前 3 至 4 个两侧及腹侧位置，呈现红褐色，并细分为腺叶和腺峡两部分。腺叶的形态呈不规则三角形，而腺峡相较于其他动物则显得较为发达（如图 11-1 所示）。甲状腺（如图 11-2 所示）的外部覆盖有一层紧密的结缔组织膜，该膜深入腺体实质，形成腺体小梁，将实质划分为多个腺小叶。小叶内含有大小各异的腺泡，腺泡腔内充满胶体，腺泡上皮具有分泌甲状腺素的功能。腺泡四周则被基膜和少量结缔组织所环绕，并配备有丰富的毛细血管和淋巴管。在腺泡上皮与基膜之间，还存在一种胞质染色较浅的细胞，被称为滤泡旁细胞，该细胞具有分泌降钙素的能力。

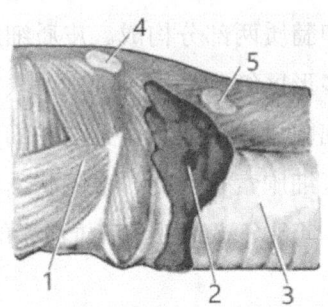

1.喉；2.甲状腺；3.前几个气管软骨环；4.外甲状旁腺；5.内甲状旁腺

图 11-1　牛的甲状腺和甲状旁腺

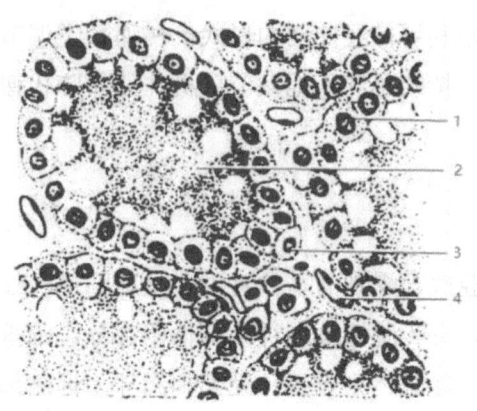

1.滤泡上皮细胞；2.胶质；3.滤泡旁细胞；4.毛细血管

图 11-2　甲状腺的组织结构

（三）甲状旁腺

甲状旁腺是小型内分泌腺体，其形态或为圆形，或为椭圆形，紧密邻接于甲状腺周边。在常见的家畜生理结构中，甲状旁腺通常成对出现，共计两对，担负着重要的生理功能。

（四）肾上腺

肾上腺，成对存在，位于肾脏的前内侧，呈红褐色。其中，左肾上腺坐落于左肾前方，形态似肾；而右肾上腺则位于右肾前内侧，形态呈心形。肾上腺表面覆盖有一层结缔组织膜，该膜内含有血管、淋巴管、神经及少量平滑肌，这些组织深入实质至皮质。

肾上腺实质由皮质和髓质两部分构成。皮质细胞从内至外可细分为多形区、束状区和网状区。多形区细胞呈现不规则团块或索状，其主要功能为分泌盐皮质激素。束状区细胞排列成索状，且这些细胞索呈辐射状排列，主要分泌糖皮质激素。网状区细胞索相互交织成网状结构，细胞索间存在宽敞的窦状隙，细胞呈多边形，具备分泌雌激素和雄激素的能力。

（五）松果体

松果体，亦称为脑上腺，呈现为红褐色、豆状的小体，其位置居于丘脑与四叠体之间，经由细柄与丘脑紧密相连。在松果体的外表面，覆盖着一层疏松结缔组织膜，此膜深入到腺体实质，将腺体细致分割成若干不甚明显的小叶。这些小叶内，最主要的细胞成分为松果体细胞，它们展现出圆形或不规则的形态。

松果体具备分泌褪黑素的功能。这种激素在黑暗环境下分泌量会有所增加，其作用是减弱细胞组织的活动，进而促进细胞损伤的修复。因此，褪黑色激素具有抗衰老、提高免疫力等多重生理作用。然而，当受到光照刺激时，松果体分泌褪黑素的功能会受到抑制。

（六）内分泌组织

内分泌系统主要由胰腺内的胰岛、睾丸的间质细胞以及卵巢的内分泌组织构成。胰岛，作为胰腺的内分泌部分，呈现为胰腺腺泡间不规则分布的细胞团索，其主要职责是分泌胰岛素和胰高血糖素，以调节血糖水平。睾丸的间质细胞，则是指填充在睾丸曲细精管之间的细胞群，它们的主要功能是分泌雄激素，维持雄性的生理特征。而卵巢中的内分泌组织则包括卵泡和黄体，卵泡膜细胞能够分泌雌激素，排卵后的黄体细胞则能分泌孕酮等激素。

二、内分泌生理

（一）激素的分类和作用

1.激素的分类

激素的种类极为繁多，其来源亦显得颇为复杂。根据其化学性质的差异，可以将其划分为四大类：蛋白质和肽类激素、胺和氨基酸衍生物激素、类固醇激素以及脂肪酸衍生物激素。前两者亦可统称为含氮类激素。

蛋白质和肽类激素，如下丘脑调节肽、腺垂体激素、神经垂体激素、胰岛激素、甲状旁腺激素、降钙素以及胃肠激素等，它们通过血液传递信号，调节多种生理过程。另外，胺类和氨基酸衍生物类激素，包括肾上腺素、去甲肾上腺素和甲状腺激素，影响着身体的代谢、情绪和能量调节。类固醇激素源自肾上腺皮质和性腺，例如皮质醇和性激素，对机体的生长发育、免疫调节等具有重要影响。脂肪酸衍生物类激素，如前列腺素，也在炎症和免疫反应中发挥作用。

2.激素作用的特性

激素的作用机制具有高度针对性和特异性，仅针对特定靶细胞发挥作用，主要任务是调控细胞内生理反应的速度。值得一提的是，激素并不参与新生反应的启动或进行。值得注意的是，即使激素的分泌量极小，也能产生显著的影响。其分泌速率并非恒定，常常以间断性和周期性的方式出现。激素在发挥作用后，主要通过代谢途径在肝脏或靶组织内失去活性或被排出体外。

（二）下丘脑的内分泌功能

下丘脑与神经垂体、腺垂体之间的关联极为紧密。例如，某些神经核的神经元轴突延伸至神经垂体，形成下丘脑-垂体束，构成重要的神经联系。同时，下丘脑与腺垂体之间也通过垂体门脉系统实现功能上的紧密联系。

下丘脑的特定神经元不仅具备分泌激素（神经激素）的能力，发挥着内分泌细胞的作用，而且保持了典型神经细胞的功能。这些神经元能够将来自大脑或中枢神经系统其他部分的神经信息转化为激素信息，起到了换能神经元的关键作用。因此，下丘脑成为神经调节与体液调节之间紧密联系的枢纽。

下丘脑主要分泌促甲状腺激素释放激素、促性腺激素释放激素、生长素释放抑制激素和促肾上腺皮质激素释放激素等，这些激素对垂体的激素分泌具有重要的调节作用。

（三）脑垂体的内分泌功能

1.促性腺激素（GTH）

GTH作为一种糖蛋白，其分类明确，主要包括促尿促卵泡素（FSH）与促黄体生长素（LH）两大类。

在LH的协同作用下，FSH对卵巢发挥重要作用，其主要功能是促进卵泡细胞的增殖和卵泡的生长，并刺激卵泡液的分泌。同时，FSH对睾丸也起着关键作用，它作用于曲精细管的生殖上皮，促进精子的生成过程。在睾酮的协同作用下，FSH 进一步促进精子的成熟。因此，在雄性动物中，FSH 被赋予了精子生成素的别称。

在 FSH 的协同作用下，LH 对卵泡的生长具有显著的促进作用，不仅推动卵泡雌激素的合成与卵泡的成熟，还激发排卵过程。排卵完成后，LH 的作用使得卵泡转化为黄体。在众多哺乳动物，如绵羊、牛、兔等体内，LH 扮演着刺激黄体分泌孕酮的关键角色。此外，LH 在雄性动物体内则负责促进睾丸间质细胞的增殖与雄激素的合成，因此，在雄性动物体内，LH 又被称作间质细胞刺激素。

2.促肾上腺皮质激素（ACTH）

ACTH 是一种含有 39 个氨基酸的多肽类物质，其主要职责在于推动肾上腺皮质的正常发育，并促进糖皮质激素的合成与释放。

3.促甲状腺激素（TSH）

TSH，即促甲状腺激素，是一种关键的糖蛋白激素，其相对分子质量约为 25000。它在内分泌系统中发挥着至关重要的作用，主要功能是促进甲状腺细胞的增生及其功能活动。通过这一机制，TSH 能够有效地调控甲状腺激素的合成与释放，从而维持机体代谢活动的平衡与稳定。

4.生长激素（GH）

GH 是一种由单一肽链构成的蛋白质，其结构纯粹且独特。在各类动物体内，GH 由大约 190 个氨基酸残基组成，并展现出明显的种族特异性。近年来，得益于 DNA 重组技术的快速发展，已经能够高效生产大量的 GH，为临床应用提供了充足的资源。

GH 在生物体内发挥着重要的生理作用，它能够促进物质代谢和生长发育，对机体的各个器官和组织产生广泛的影响。特别是在骨骼、肌肉和内脏器官方面，GH 的作用尤为突出，对于维持这些器官的正常功能和结构至关重要。

（1）促进生长

生长激素（GH）在促进骨骼、软骨、肌肉及其他组织细胞分裂与增殖、提升蛋白质合成等方面发挥着关键作用，进而增大细胞体积与数量。然而，通过离体软骨培养实验揭示，GH 对软骨生长并不具备直接作用，其必须依赖于正常动物血浆中存在的特定生长因子。实验研究显示，GH 主要诱导肝脏产生一种具有促生长效果的肽类物质，即生长介素（SM）。生长介素的主要功能是促进软骨生长，其不仅能推动硫酸盐进入软骨组织，还能加强氨基酸进入软骨细胞，提升 DNA、RNA 及蛋白质的合成，从而优化骨骺软骨组织的增殖与骨化过程，最终促使长骨增长。

（2）促进代谢

GH 作为一种重要的生长因子，通过调控生长激素的活性，有效促进氨基酸向细胞内的转运过程，进而加速软骨、骨、肌肉、肝、肾、心、肺、肠、脑及皮肤等各类组织的蛋白质合成，显著提升机体蛋白质的合成能力。同时，GH 还能积极促进脂肪的分解过程，并加强脂肪酸的氧化作用，从而有助于调节机体的脂质代谢。此外，GH 在调节血糖平衡方面发挥关键作用，通过抑制外周组织对葡萄糖的摄取和利用，减少葡萄糖的消耗，进而提升血糖水平，维护机体正常的血糖稳态。GH 还具备促进胸腺基质细胞分泌胸腺素的功能，积极参与机体免疫功能的调节，对于维持免疫系统的稳态具有重要意义。

5.催乳素（PRL）

PRL 的名称源于其激发鸽嗉囊上皮细胞增生的能力，进而产生嗉囊乳。PRL 属于单纯蛋白质激素范畴。目前，已从羊体中提纯出催乳素，其结构包含 206 个氨基酸；而其他哺乳动物的 PRL 主要由 200 个氨基酸构成。在哺乳动物体内，PRL 的生理作用在于与其他激素共同作用，触发并维持泌乳过程（因此得名催乳素）。PRL 还具备促进性腺发育以及调节水盐代谢等多重功能。

6.加压素（ADH）

加压素在生理调节中发挥着重要作用，主要功能是调节血浆渗透压、血容量和血压。通过促进肾远曲小管和集合管对水的重吸收，加压素有效减少尿量，展现出显著的抗利尿效应，因此也被称为抗利尿激素。在正常生理状态下，加压素的主要功能是发挥抗利尿作用，而对维持血压的影响并不显著。然而，在药理剂量下，加压素能够通过促使血管平滑肌收缩，产生明显的升血压效应。

7.催产素（OXT）

催产素对于促进子宫肌收缩和促使产物排出具有关键作用，其作用程度与子宫的功能状态密切相关，对孕子宫作用更强。雌激素增加了子宫对催产素的敏感性，而孕激素则相反。此外，催产素也有促进乳腺肌上皮收缩的作用，有利于排乳，并且与学习、记忆以及母性行为等方面有关。虽然催产素与加压素在化学结构上相似，但其生理作用存在一定程度的交叉，加压素对子宫和乳腺肌上皮的收缩作用较弱，而催产素的升压和抗利尿效应也较低。

（四）甲状腺的内分泌功能

在内分泌系统的精细调节中，腺泡腔内的胶质起到了至关重要的作用。这种胶质是由腺泡上皮细胞精心分泌的产物，其核心成分为甲状腺球蛋白。与此同时，滤泡旁细胞亦积极参与，分泌出降钙素，共同维护体内环境的稳定。

甲状腺激素，作为内分泌系统的重要调节因子，主要包括四碘甲腺原氨酸（T_4）和三碘甲腺原氨酸（T_3）两种形式。它们均属于酪氨酸碘化物的范畴，具有广泛的生理作用。值得注意的是，甲状腺激素并没有特定的靶细胞，而是能够影响机体内几乎每一个器官的功能。其独特的作用特点在于其广泛的调节范围和持久的作用时间，主要参与调节新陈代谢、生长、发育等生理过程，对维持机体内环境稳定起着不可替代的作用。

1. 调节代谢

甲状腺激素对机体代谢产生多方面影响。它能够提高基础代谢率，增加耗氧量和产热量，使体内产热量增加，从而改变动物对温度的敏感性。此外，甲状腺激素还能促进小肠对葡萄糖和半乳糖的吸收，增强生糖作用，同时加速糖的分解代谢，促进脂肪、肌肉等组织对葡萄糖的利用，有助于降低血糖。此外，甲状腺激素还促进脂肪酸氧化和胆固醇的代谢，使得血浆中游离脂肪酸浓度增加。虽然甲状腺激素对胆固醇有促进合成和加速降解的作用，但总体上其分解作用大于合成作用。

甲状腺激素在一般生理状态下维持着正氮平衡，促进蛋白质合成和细胞增殖，从而使得肌肉、肝和肾的体积增大。但是在甲亢或大剂量下，甲状腺激素会导致蛋白质分解增加，尤其是骨骼肌蛋白质分解增加，导致动物消瘦。此外，甲状腺激素还具有利尿作用，可能影响水盐平衡和黏蛋白沉积，加速骨溶解，并影响维生素代谢，导致相对维生素缺乏症。在甲亢时，机体代谢旺盛，对许多维生素的需求增加，常出现 B 族维生素、维生素 C、维生素 A、维生素 D 和维生素 E 缺乏症。而在功能低下时，由于吸收或酶转化过程受阻，可能出现叶酸和维生素 A 缺乏症。

2.调节发育和生殖

甲状腺激素在机体生长、发育和成熟过程中扮演着重要的调节角色。它能够促进细胞的分化和组织器官的发育，尤其在神经、肌肉和骨的正常发育中具有关键作用。当幼畜缺乏甲状腺激素时，会出现生长发育障碍的情况，特别表现为脑发育不全、生长受阻、性腺发育停止等症状。机体的正常生长发育往往需要甲状腺激素和生长激素协同调控完成。生长激素主要促进组织的生长，而甲状腺激素则促进器官和组织的分化。因此，甲状腺激素对于生长激素的作用有一定的"允许作用"，即生长激素的生长促进作用需要有适量的甲状腺激素存在。

甲状腺激素对中枢神经系统的发育和功能至关重要。在胚胎期和幼龄动物中，甲状腺激素缺乏会影响大脑生长和神经纤维髓鞘形成，导致神经细胞发育迟缓和代谢降低，最终出现"呆小症"的症状。成年后，甲状腺功能异常同样会对中枢神经系统产生影响，如甲状腺功能亢进时可能出现兴奋性提高、不安和过敏等表现。此外，甲状腺激素还对泌乳有促进作用，奶牛甲状腺功能不足会导致产乳量和乳脂率下降，但通过给予甲状腺制剂或甲状腺激素治疗可以恢复正常的产乳量和乳脂含量。

（五）甲状旁腺素与钙、磷代谢的调节

骨骼与牙齿的构成主体为钙磷化合物，同时，它们也是机体内钙元素的主要储存场所。钙离子在体液中的分布对于维持毛细血管的通透性、神经肌肉的兴奋性，以及血液的凝固等生理过程具有至关重要的作用。在正常情况下，血钙水平保持相对稳定，这主要得益于激素的精细调节。

对于奶牛而言，其正常血钙浓度维持在 8～12 mg/dL 之间。在生产瘫痪的情况下，血钙水平可能会降低到 3.9～6.9 mg/dL，而在极端情况下，甚至可能降至 1.0～2.7 mg/dL。对于犬类而言，健康的血钙浓度范围是 8.4～11.2 mg/dL。如果母犬的血钙浓度低于 7mg/100mL，就可能出现病症。

参与钙、磷代谢调节的关键激素有甲状旁腺素、1, 25-二羟维生素 D_3 和降钙素。1,25-二羟维生素 D_3 被视为一种由肾脏分泌的激素,在肠道、骨骼和肾脏等器官中与甲状旁腺素协同作用,促进钙、磷的吸收、释放和重吸收,从而升高血钙浓度。相反地,甲状腺滤泡旁细胞分泌的降钙素则起到降低血中钙、磷浓度的作用。这些激素之间的协调作用维持着体内钙、磷代谢的平衡。

(六)肾上腺的内分泌功能

肾上腺皮质负责分泌盐皮质激素、糖皮质激素以及性激素,这些激素发挥着重要的生理作用。而肾上腺髓质则主要分泌肾上腺素和去甲肾上腺素,同时还分泌多巴胺。这些物质均属于儿茶酚胺类化合物。

1.盐皮质激素

盐皮质激素是一类类固醇激素,其中的醛固酮在天然皮质激素中对水盐代谢调节起着重要作用。其主要功能包括促进肾脏对钠和水的重吸收,同时促进钾的排出,因此被称为具有"保钠排钾"作用。此外,盐皮质激素还能促进大肠对钠的重吸收,减少汗腺和唾液腺对钠的分泌,从而增加水分的保留。过多的醛固酮分泌会导致高血钠、高血压和低血钾,而醛固酮缺乏则可能导致低血钠、低血压和高血钾。

2.糖皮质激素

糖皮质激素在生理作用中占据重要地位,其中皮质醇为其主要代表。皮质醇对机体的糖、蛋白质、脂类以及水盐代谢等多个方面均产生深远影响,是维持生命活动不可或缺的重要激素。此外,皮质醇还积极参与应激反应和免疫调节过程,对于维护机体内环境的稳定与平衡发挥着至关重要的作用。

(1)对糖代谢的作用

糖皮质激素在调节机体糖代谢过程中扮演着重要角色,它通过促进糖异生以及抑制组织细胞对葡萄糖的摄取和利用,导致血糖浓度显著上升。

(2)对蛋白质代谢的作用

糖皮质激素具有双重作用,一方面抑制蛋白质的合成,另一方面加速蛋白质的分解,由此导致负氮平衡的状态。在影响不同器官的蛋白质代谢过程中,糖皮质激素主要促进骨骼肌、骨、淋巴器官等组织的蛋白质分解,而对肝、胃、肠、泌尿和生殖等器官,则主要抑制其蛋白质的合成过程。

(3) 对脂肪代谢的作用

糖皮质激素能够刺激脂肪分解过程，导致血液中游离脂肪酸的含量上升，并推动脂肪酸在肝脏中进行氧化以提供能量。然而，在皮质醇的影响下，血糖浓度会有所上升，进而刺激胰岛素的分泌。胰岛素具有显著的促进脂肪合成的作用，因此，皮质醇对脂肪代谢的影响表现为促进脂肪的合成。

(4) 参与应激反应

当机体面临各种不良刺激时，如缺氧、麻醉、创伤、疼痛、感染、中毒、手术、饥饿、恐惧、寒冷以及高温等，均可触发下丘脑-腺垂体-肾上腺皮质系统的功能活动增强。这一过程中，ACTH 的分泌会相应增加，导致血中糖皮质激素浓度的提升。尽管这种变化并不表现为皮质功能亢进，但它会诱发一系列代谢调整和其他全身性反应，这被称为机体的应激反应或抗紧张作用。在此情境下，机体对糖皮质激素的需求上升，使得能量代谢以糖代谢为主导，确保葡萄糖能够优先供应给关键的组织器官，如脑和心脏，以维持其正常功能。

(5) 抗炎和抗免疫作用

糖皮质激素在炎症的发生和发展过程中发挥重要的抑制作用，能够显著缓解炎症早期的红肿热痛等症状，并有效防止炎症晚期肉芽组织的形成和疤痕的产生。此外，糖皮质激素还具有抗免疫作用，表现为对抗原的处理和识别能力降低，淋巴细胞增殖受到抑制，进而降低体液免疫和细胞免疫的功能。

3.性激素

在性激素水平正常的情况下，由于其分泌量相对较少，因此不会产生显著的生理效应。然而，当性激素分泌过量时，由于不同性别和年龄段的机体存在差异，可能会引发一系列异常改变。

4.髓质激素

髓质激素的作用是与交感神经系统协同调节机体应对紧急情况。在受到伤害性刺激时，交感-肾上腺髓质系统被激活，导致一系列生理反应：心率加快、心排血量增加、血压上升、循环加速、支气管扩张、肺通气量增加等。同时，这个过程中皮肤和黏膜血管收缩，而心脏、脑和骨骼肌血管则扩张，以促进血液重新分配。此外，髓质激素还促进糖原和脂肪的分解，增加产热量，以增强机体对伤害性刺激的耐受能力。

(1) 对心血管系统的作用

肾上腺素和去甲肾上腺素都能增加心率和升高血压，但其作用机制略有不同。肾上腺素主要通过增加心率来提高血压，而去甲肾上腺素则主要通过收缩血管作用增加外周阻力来升高血压。

(2) 对代谢的作用

肾上腺素和去甲肾上腺素均能刺激代谢，促进肝糖原和脂类的分解，导致血糖和血浆游离脂肪酸水平升高，并增加组织的氧气消耗量，进而提高基础代谢率。然而，肾上腺素的作用强度明显高于去甲肾上腺素。

(3) 对神经系统和其他器官组织的作用

肾上腺素和去甲肾上腺素都具有提高中枢神经系统兴奋性的作用，使动物保持警觉和清醒，增加对外界刺激的反应能力。它们同样能刺激呼吸中枢，增强呼吸功能，并扩张支气管平滑肌，从而增加通气量。除此之外，它们还会导致皮肤血管、竖毛肌、眼扩瞳肌的收缩，以及胃肠道和泌尿道的括约肌收缩，但对胃肠道和膀胱平滑肌则表现为抑制作用。

(七) 松果体的内分泌功能

松果体是一个重要的脑部结构，能够合成吲哚类和多肽类等多种生物活性物质，其中最主要的激素之一是松果腺素，也称为褪黑素。松果腺素的合成受到光照的调节，光照强时合成较少，而光照弱时合成增多。这种激素具有良好的脂溶性和快速释放的特点，能够通过调节生物钟和内分泌、提高免疫力、防癌抗衰老、调节毛皮生长和生殖功能等多种生理作用。

1.调整生物钟和睡眠

松果腺通过分泌松果腺素将光照信息转化为动物体内的化学信号，从而使生物体与自然环境的变化保持同步。哺乳类动物能够根据光照周期的变化来预测季节的变化，并相应地调节各种生理功能，其中最典型的例子是动物的冬眠。松果腺素在调节机体的主要生物钟——视上核方面起着关键作用，它在视上核上具有密集的受体，并能直接抑制视上核的代谢活性和蛋白合成。

2.调整内分泌

松果体被称为神经内分泌腺，一些观点认为它在动物内分泌系统中扮演关键角色。据此观点，松果体通过调节分泌的松果腺素影响下丘脑的分泌活动，进而由下丘脑调控脑垂体的功能，最终影响其他内分泌器官的分泌活动。

3.提高免疫力

松果腺素在调节免疫功能方面扮演着重要角色，具有抗病毒、增强肿瘤坏死因子和干扰素等免疫因子的分泌能力，同时提高了单核细胞对皮肤癌的杀伤性。作为神经—内分泌—免疫网络的一部分，松果体对机体免疫功能的调节至关重要，神经内分泌免疫网络功能的紊乱可能是许多复杂疾病的重要因素之一。

4.促进动物毛皮生长

动物的毛皮生长周期受光周期调控，日照时间增长可抑制松果腺素的合成，从而减轻抑制作用，使松果腺素成为促进冬毛生长的关键因素。实验研究表明，在水貂和绒山羊等动物中，皮下埋植或口服松果腺素可提早完成冬毛生长，增加毛纤维总量，显著提高毛绒产量。

5.调节动物生殖功能

经过一定长日照刺激后，通过在动物阴道内放置松果腺素栓塞或口服松果腺素，可以提前促使性成熟，缩短发情期向繁殖期的转变时间，从而使繁殖季节提前到来。这一方法可以克服动物性成熟的季节性抑制，提高哺乳母猪的哺乳与繁殖效率。

（八）胰岛的内分泌功能

胰岛，作为胰腺的重要内分泌组成部分，肩负着分泌多种关键蛋白质及肽类激素的重要职责，这些激素在机体代谢的精细调控中发挥着不可或缺的作用。胰岛内细胞种类繁多，至少包含四种细胞类型。其中，A细胞负责分泌胰高血糖素，B细胞则负责分泌胰岛素，D_1细胞分泌生长抑素，而PP细胞则负责分泌胰多肽。

1.胰岛素

胰岛素由A、B两条肽链组成，通过二硫键连接。其在不同哺乳动物中的分子结构大致相同，主要功能是调节糖代谢，被称为"储存激素"，促进三大代谢性营养物质在体内以不同形式贮存。

(1) 调节糖代谢

胰岛素通过促进葡萄糖进入组织并合成糖原，同时抑制糖原分解和糖异生作用来降低血糖浓度。胰岛素分泌不足时，血糖升高，超过肾糖阈时导致糖尿病。

(2) 调节脂肪代谢

胰岛素在体内发挥着重要的调节作用，特别是在脂肪代谢中扮演着关键角色。它不仅促进了脂肪和胆固醇的合成，还促进了葡萄糖的转化，进一步增加了脂肪的存储量。此外，胰岛素还抑制了脂肪的分解，有助于维持脂肪的储存状态。总的来说，胰岛素的作用有利于体内脂肪代谢的平衡，同时也对血中游离脂肪酸含量的调节发挥了重要作用。

(3) 调节蛋白质代谢

胰岛素在蛋白质代谢中扮演着重要角色，其作用包括促进蛋白质的合成和贮存，以及抑制组织蛋白的分解。通过促进氨基酸进入细胞，胰岛素能够加速蛋白质的合成，并抑制组织蛋白质的分解过程。此外，它还促进了 RNA 和 DNA 的合成，综合作用是加快细胞内蛋白质合成的速度。

2.胰高血糖素

胰高血糖素在体内发挥着多方面的作用，其中包括加速肝内糖原分解、促进脂肪的分解和提高血浆中游离脂肪酸浓度等。此外，它还能够促进组织蛋白质的分解、抑制蛋白质的合成，以及促进肝脏合成尿素等功能。因其主要作用是促进分解，因此有人将其称为"动员激素"

(九) 性腺的内分泌功能

性腺是生物体内产生性细胞和性激素的重要器官，包括睾丸和卵巢。性激素主要分为雄激素、雌激素、孕激素和松弛激素四大类，其分泌来源于不同的性腺以及其他组织。睾丸间质细胞分泌睾酮等雄激素，而卵巢的内分泌细胞包括卵泡内膜细胞和黄体细胞，分别分泌雌激素和孕激素，主要是雌二醇和孕酮。

1. 雄激素

雄激素主要是睾酮，其作用包括促进雄性副性器官的生长发育和维持成熟状态，刺激性欲和性行为的发生，促进精子的发育成熟和延长寿命，促进雄性副性征的出现和维持，促进蛋白质合成，增加肌肉骨骼发达，减少体脂，以及促进皮脂腺分泌

2. 雌激素

雌激素主要成分是雌二醇，其作用包括促进雌性生殖器官的生长发育，促进雌性副性征的出现和维持正常状态，促进母畜的发情，以及刺激母畜产生性欲和发生性行为。

3. 孕激素

孕激素，以孕酮为主，在雌激素的协同作用下，承担着多重重要职责。它能够促进子宫内膜的增殖与肥厚，为受精卵的着床和后续的胚胎发育提供有利的环境。此外，孕激素还能够有效抑制子宫平滑肌的自发性活动和对催产素的反应，确保胚胎在子宫内的安全发育。在雌激素的协助下，孕激素还能进一步刺激乳腺腺泡的生长和发育，使乳腺发育完全，为哺乳期的到来做好充分准备。

4. 松弛激素

松弛激素是由黄体分泌的多肽类激素，其分子结构由两个亚基经由二硫键连接而成。它在助产过程中起到重要作用，主要表现在促进产道的松弛和扩张，包括荐髂关节和骨盆缝的松弛、硬产道的加宽、子宫颈的扩张以及软产道的放松，有助于顺利分娩。此外，松弛激素与雌激素和孕激素相互作用，共同促进乳腺的生长发育。

三、神经内分泌免疫网络

（一）神经系统与内分泌系统的相互作用

内分泌系统与神经系统之间有着密切的联系。几乎所有内分泌腺都受到植物性神经的直接支配或通过神经对腺体内部血流的间接调节影响。同时，

激素也能影响中枢神经系统的功能，如行为、情绪和欲望等。下丘脑是神经和内分泌联系的关键枢纽，与外周感觉传入和高级中枢下行通路之间具有广泛联系。下丘脑中的神经分泌细胞能够受到神经活动的影响，将中枢神经活动的电信号转化为激素分泌的化学信号。这些激素通过垂体门脉系统调节腺垂体的内分泌活动，而腺垂体细胞也受到神经的直接支配和调节。这种联系有助于内分泌系统在外部环境变化时进行高级整合，例如在应激反应中的促肾上腺皮质激素释放激素（CRH）-促肾上腺皮质激素（ACTH）-皮质醇轴的激活。此外，肾上腺髓质激素的分泌直接受到交感神经节前纤维的控制，甲状腺、胰岛以及胃肠内分泌细胞等的功能活动也都受到植物性神经的支配和调节。

在中枢和外周神经系统中，存在着众多激素，它们均积极参与神经信息的传递过程，从而使得神经调节更为精确和完善。以中枢神经系统为例，其中广泛分布着促甲状腺激素释放激素（TRH），这种激素在调节体温等方面发挥着重要作用。此外，糖皮质激素对于交感神经末梢释放的去甲肾上腺素缩血管效应具有允许作用，若缺乏糖皮质激素，去甲肾上腺素缩血管的效能将会降低。

（二）神经系统与免疫系统的相互作用

动物的免疫反应能够形成条件反射，这是中枢神经系统对免疫系统产生直接作用的有力证明。条件反射机制同样可以激发免疫增强的效应，进一步证实了神经系统与免疫系统之间的紧密联系。

在动物体内，免疫器官均受到植物性神经的支配与调控。例如，支配胸腺的交感神经具有促进胸腺细胞发育、推动T细胞成熟等重要功能。然而，实验研究表明，交感神经对免疫反应的调节作用主要表现为抑制性，而副交感神经则能够增强免疫功能。

中枢神经系统中不同脑区的损伤，均有可能对机体的免疫功能产生影响。以小鼠为例，当左侧大脑皮质遭受大面积损伤后，会导致T细胞数量和反应性的显著降低，同时NK细胞的活性也会受到抑制。然而，这种损伤对B细胞和巨噬细胞的功能并无明显影响。相比之下，右侧大脑皮质可能通过调控左侧大脑皮质的传出信号，产生相反的作用效果。

免疫系统对神经系统的调控主要通过细胞因子完成。免疫细胞产生的细胞因子以及其他免疫调节物质，如神经活性物质和激素，不仅能够调节免疫系统自身功能，还同时参与调节神经内分泌系统的功能。值得注意的是，神经元本身存在细胞因子受体，这表明神经元可以直接响应免疫信号。此外，淋巴细胞能够通过血-脑屏障，进入中枢神经系统，在其中发挥免疫监视的作用。

（三）内分泌系统与免疫系统的相互作用

免疫系统，作为机体针对细菌、病毒、肿瘤及其他抗原刺激的调控机制，在遭遇相关刺激时，通过细胞或体液介导的免疫反应，促使免疫细胞分泌细胞因子和肽类激素等物质。这些物质作用于下丘脑，对其神经激素的释放以及垂体激素的分泌产生深远影响。同时，细胞因子也能直接作用于垂体、甲状腺、胰腺、肾上腺及性腺等内分泌腺体，调节其分泌活动。值得注意的是，免疫细胞还能释放与下丘脑和垂体相同的肽类物质。单核吞噬细胞分泌的白细胞介素-1不仅激活T淋巴细胞，还能刺激下丘脑释放促肾上腺皮质激素释放激素（CRH），进而提升血液中促肾上腺皮质激素（ACTH）的水平，维持皮质醇的高分泌状态，并刺激胰岛B细胞分泌胰岛素。

激素，作为内分泌系统的关键分子组成部分，对免疫功能具有多层次、多维度的调控作用。在多数情况下，激素扮演着免疫抑制的角色，例如生长抑素、ACTH、糖皮质激素、性激素、前列腺素等，它们能够抑制淋巴细胞的增殖，减少抗体的生成，以及削弱吞噬细胞的吞噬功能。然而，值得注意的是，即使是同一种激素，其在不同浓度或不同环境下也可能发挥截然相反的作用。例如，低浓度的糖皮质激素能够刺激淋巴细胞的增生和抗体的合成，从而增强免疫功能。此外，TRH能够通过刺激T细胞释放TSH，间接促进B淋巴细胞生成抗体，这是另一种免疫增强的机制。

在激素对免疫功能的调控中，也存在一些具有免疫增强作用的激素，如生长激素、催乳素和甲状腺激素等。这些激素能够促进淋巴细胞的增殖，增加抗体的生成，激活巨噬细胞，提高吞噬能力。特别是生长激素，它具有广泛的免疫增强作用，几乎能够促进所有免疫细胞的分化，并增强它们的功能。因此，生长激素的缺乏会导致机体免疫功能的减退。

(四)共同的信号分子与受体

神经、内分泌和免疫系统相互交流、协调,构成了一个整体性的功能调控网络。它们通过共用、共享的一些化学信号分子进行沟通,通过释放的信息物质,经过体液传递,作用于相应的受体,从而实现各自功能的调节。这三大系统在组织和细胞水平上都存在着共同的激素、神经递质、神经肽和细胞因子,并且细胞表面都分布有相应的受体。正常情况下,内分泌系统就存在一些细胞因子,并且在诱导后还可以产生许多其他细胞因子。

项目十二 感觉器官

动物体内,由特定的感觉神经末梢与其他相关器官协同构成的、专门负责搜集各类感觉信息的结构体系,被统一称为感觉器官。

任务一 视觉器官

眼可分为眼球和辅助结构两部分(图 12-1)。

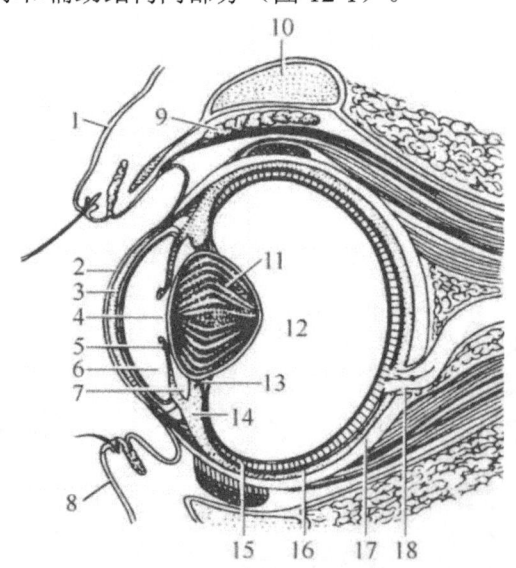

1.上眼睑;2.球结膜;3.角膜;4.瞳孔;5.虹膜;6.眼前房;7.眼后房;8.下眼睑;9.泪腺;
10.眶上突;11.晶状体;12.玻璃体;13.睫状小带;14.睫状体;15.视网膜;
16.脉络膜;17.巩膜;18.视神经

图 12-1 眼的结构模式图

一、眼球

眼球分球壁和内容物。

（一）眼球壁

眼球壁自外向内依次由纤维膜、血管膜和视网膜三层构成，共同维护眼球的正常结构与功能。纤维膜作为眼球壁的外层，其结构厚实且坚韧，主要由致密结缔组织构成，并细分为前部的角膜和后部的巩膜两部分。角膜占据纤维膜前部的五分之一，其特性为无色透明，具有折光功能，同时不含血管和淋巴管，却富含感觉神经末梢，对于外界刺激反应敏锐。巩膜则占据纤维膜后部的五分之四，同样由致密结缔组织构成，其色泽呈白色且不透明，具有维持眼球形态和保护眼球内部组织的重要作用。

血管膜作为眼球壁的中层结构，位于纤维膜与视网膜之间，其内部富含血管和色素细胞，对眼球内组织的营养供给和眼内光线的吸收起到关键作用。血管膜自前向后可细分为虹膜、睫状体和脉络膜三个部分。

虹膜是血管膜的最前部，呈圆盘形状，其中央有一孔，称之为瞳孔。值得一提的是，牛瞳孔的游离缘上存在颗粒状突出物，被称之为虹膜粒。

睫状体则是血管膜中部的增厚部分，位于虹膜与脉络膜之间，形状呈环状，紧密围绕晶状体。睫状体内含有平滑肌，即睫状肌，其活动受副交感神经的调控。睫状体不仅负责产生房水，还参与调节视力的过程。

脉络膜位于眼球壁的后三分之二处，紧贴巩膜内面，内部血管丰富，含有大量色素，呈现出棕黑色。其主要功能是向眼球提供营养，并吸收眼内散射后的多余光线。

视网膜，作为眼球壁的最内层结构，精细划分为视部和盲部两部分。视部，它紧贴于脉络膜的内侧，展现出薄而柔软的特质。在生命状态下，它略显淡红色泽；然而，一旦生命消逝，它便逐渐混浊，最终转变为灰白色，并容易从脉络膜上脱落。这一区域富含感光细胞，主要包括视锥细胞和视杆细胞两种。其中，视锥细胞拥有感知强烈光线和辨别颜色的卓越能力，而视杆细胞则擅长在微弱光线中发挥作用。这些视网膜神经细胞的轴突汇聚至视网膜乳头，共同构成视神经。而盲部，它覆盖在睫状体及虹膜的内侧，并不具备感光功能。其外层由色素上皮构成，而内层则缺乏神经元。

（二）内容物

眼球内容物，作为眼球内部的重要折光构造，涵盖了晶状体、眼房水和玻璃体，这些要素与角膜共同组成了眼睛的折光系统。

晶状体，形态犹如双凸透镜，其特点在于透明且具有出色弹性，坐落于虹膜与玻璃体之间。值得注意的是，晶状体周围通过睫状小带与睫状体紧密相连，睫状肌的伸缩功能对晶状体表面的曲度起着关键的调节作用。

眼房，位于角膜与晶状体之间的腔隙，被虹膜精细地划分为眼前房与眼后房。眼房水，这是一种无色透明的液体，充盈于眼房之中，主要由睫状体分泌产生。眼房水在运输营养物质、代谢产物、折光以及调节眼压等方面发挥着不可或缺的作用。

玻璃体，它是一种无色透明的胶冻状物质，填充在晶状体与视网膜之间，既起到折光的作用，又承担着支撑视网膜的重要功能。

二、辅助结构

眼的辅助结构有眼睑、泪器、眼球肌和眶骨膜。

（一）眼睑

眼睑，作为眼球前方的皮肤皱褶，发挥着重要的保护作用。眼睑分为上眼睑和下眼睑两部分。两者之间的空隙，称之为睑裂。在眼睑内部，覆盖着一层称为睑结膜的薄膜，该膜进一步转折并覆盖在巩膜的前部，形成球结膜。睑结膜与球结膜之间形成的空隙，称之为结膜囊。此外，眼睑边缘生长着睫毛，起到进一步的防护作用。眼内角的结膜褶，也被称为第三眼睑或瞬膜，其形态呈半月状，并含有一软骨，为眼球提供了额外的支撑与保护。

（二）泪器

泪器是眼部重要的组成部分，由泪腺和泪道构成。泪腺位于眼球的背外侧，其开口位于上眼睑结膜囊内。泪腺负责分泌泪液，对湿润角膜、清除眼球表面灰尘和发挥杀菌作用起着关键作用。而泪道则负责泪液的排出，它具体由泪小管、泪囊和鼻泪管等部分组成，共同构成了一个完整的泪液排出系统。

（三）眼球肌

眼球肌是负责眼球灵活运动的随意肌群，它们位于眼眶内，紧密环绕在眼球和视神经周围。这些肌肉共有七条，包括上、下、内、外四条直肌，以及上、下两条斜肌和一条眼球退缩肌。它们相互协作，共同维持眼球的正常转动功能。

（四）眶骨膜

眶骨膜是一种坚韧且致密的纤维膜，其形态略呈圆锥形，紧密地环绕在眼球、眼肌、神经、血管和泪腺等重要组织结构的周围。该膜的圆锥基部分附着于眶缘，而锥顶则紧邻视神经。在眶骨膜的内外两侧，存在丰富的脂肪组织，这些脂肪与眶骨膜共同承担着保护眼部结构的重要职责。

当光线通过眼的折光系统投射到视网膜上时，会形成清晰的图像。随后，这些视觉信息将沿着视神经传入中枢神经系统，经过丘脑外侧膝状体的换元作用后，最终投射到大脑皮层枕叶的视觉区域，从而引发视觉感知。这一过程确保了我们能够准确、清晰地感知外部世界的光线和图像。

任务二　听觉和位觉器官

耳作为重要的感觉器官，负责听觉和位觉功能，其结构包含外耳、中耳和内耳三个部分。在声波传导过程中，外耳和中耳起到了至关重要的作用，而内耳则负责感受声音和位觉的刺激，维持生命体在这两方面的感知能力。

一、外耳

外耳包括耳廓、外耳道、鼓膜三部分。

（一）耳廓

耳廓，通常呈现圆筒状结构，以耳廓软骨作为其稳固的支撑框架。其内外两侧均覆盖有皮肤，皮肤层内含有丰富的皮脂腺，尤其在耳廓基部，皮脂腺尤为丰富。耳廓内面的皮肤生长着茂密的毛发，这些毛发在生理上具有一定的功能。耳廓的活动性极佳，这种灵活性使得它能够有效地收集并引导声波，为听觉提供了重要的辅助作用。

（二）外耳道

外耳道是连接耳廓基部与鼓膜之间的曲折管状结构，具备重要的生理功能。在外耳道的构成中，外侧部分主要由软骨构成，而内侧部分则由骨质构成。其内部覆盖有皮肤组织，特别在软骨部分，皮肤内含有皮脂腺和耵聍腺。耵聍腺是一种特殊的汗腺，其分泌物即为我们通常所说的耵聍，亦被称为耳蜡，具有润滑耳道和保护听力的重要作用。

（三）鼓膜

鼓膜，作为外耳道内的重要构造，呈椭圆形半透明薄膜状，坚韧而富有弹性。其外表面覆盖有皮肤，内表面则衬以黏膜。鼓膜位于外耳与中耳之间，其独特的振动特性能够随音波振动，有效传导声波刺激至中耳，从而确保听觉功能的正常运作。

二、中耳

中耳包括鼓室、听小骨和咽鼓管三部分。

（一）鼓室

鼓室是岩颞骨内部一处不规则的腔隙，其内表面覆盖着黏膜。其外侧壁为鼓膜，而内侧壁则与内耳相邻，形成了明确的界限。

（二）听小骨

鼓室内分布有三块听小骨，自外向内依次是锤骨、砧骨和镫骨，它们以关节紧密相连，共同构成听骨链。当声波引起鼓膜振动时，听骨链通过连续的传递运动，将声波的振动有效传导至内耳。

（三）咽鼓管

咽鼓管，作为连接中耳与咽部的关键通道，是一条衬有黏膜的软骨管道。其一端精准地开口于鼓室的前下壁，另一端则通向咽侧壁。这一独特的解剖结构，使得中耳与外界空气压力得以有效平衡，从而避免了鼓膜因压力差而受到损害。

三、内耳

内耳是嵌于岩颞骨中的一系列蜿蜒曲折的管道，其形态不规则，构造极其复杂。它主要由骨迷路和膜迷路两大部分构成，这两部分共同构成了内耳精细而重要的听觉和平衡功能。

（一）骨迷路

骨迷路包括骨性半规管、前庭和耳蜗，系颞骨岩部内不规则的腔隙和隧道，腔面覆以骨膜。

1.骨性半规管

骨性半规管分为上部、后部及外侧部三个独立部分，彼此间形成直角结构，确保空间定位的精确性。这三个半规管的两端均与前庭紧密相连，共同构成内耳的重要结构。其中，每个半规管的一端膨大形成壶腹，具有感受头部角加速度变化的重要功能。上部与后部半规管相对的一端合并为一个总脚，这种特殊的结构设计使得三个半规管共有五个开口与前庭相通，从而实现了对头部运动状态的全面感知和精确调控。

2.前庭

前庭，作为骨迷路中部扩大的关键结构，其后外侧与三个半规管紧密相连，确保了信息的顺畅交流；同时，其前内侧则与耳蜗紧密相连，共同构成了听觉系统的重要部分。在前庭的后上方，存在四个小孔，这些孔道与骨性半规管相通，为听觉信息的传递提供了必要的通道；而在前下方，则有一孔通向耳蜗，进一步确保了听觉信号的完整性和准确性。

3.耳蜗

耳蜗之形态，颇似蜗牛壳，中心部位乃一锥形骨质蜗轴，围绕此轴，耳蜗螺旋管盘旋数圈，形成独特结构。此盘旋圈数因动物种类而异，如马、羊为2.25圈，猫为3圈，狗为3.25圈，牛为3.5圈，猪则为4圈。此螺旋管之起始端与前庭相通，而盲端则位于蜗顶。自蜗轴向螺旋管内延伸，有骨螺旋板，将螺旋管不完全分隔为前庭阶与鼓阶两部分，共同维持听觉功能之正常运作。

（二）膜迷路

膜迷路作为一组膜性管和囊，悬挂在骨迷路之中，两者间形成外淋巴间隙，并充满外淋巴。骨性半规管中包含膜性半规管，前庭则拥有球囊和椭圆囊，而耳蜗内部则为蜗管。值得注意的是，椭圆囊、球囊以及膜半规管的内壁均配备有位觉感受器，而耳蜗管内壁则装有听觉感受器。

1. 椭圆囊和球囊

前庭内部存在两个重要构造，分别命名为椭圆囊与球囊。椭圆囊与三个半规管紧密相连，而球囊则与耳蜗管相通，同时椭圆囊与球囊之间也存在相互连通的通道。值得注意的是，椭圆囊与球囊在前庭壁附着部位呈现出增厚现象，这些增厚部分分别被称为椭圆囊斑和球囊斑。

这两个斑点的构造相当特殊，由毛细胞（神经上皮细胞）和支持细胞共同构成。椭圆囊斑和球囊斑不仅具备感受直线运动开始和终止时的刺激能力，而且扮演着位觉感受器的关键角色。

2. 膜半规管

膜半规管与骨半规管在形态上呈现出高度的相似性。特别地，在膜壶腹部位，管壁出现明显的增厚现象，形成嵴状结构，这一结构突入壶腹内部，被称之为壶腹嵴。壶腹嵴在生理功能上扮演着至关重要的角色，它能够敏锐地感知头部旋转运动的起始与终止时刻所产生的刺激，是位觉感受器的关键组成部分。

3. 耳蜗管

耳蜗管，作为耳蜗螺旋管内的关键构造，是一段膜管结构。其属性归类于膜迷路，特点在于其为一盲管，仅通过小管与球状囊相连通。与前庭阶和鼓阶不同，后两者分别与前庭和耳蜗顶五相通。特别值得关注的是，前庭阶和鼓阶内部含有外淋巴液，这是维持其正常功能的重要成分。

耳蜗管在横向上展现出三角形截面，具体分为顶壁、底壁及外侧壁三个部分。顶壁为前庭膜，底壁则由骨螺旋板和基膜构成，外侧壁则为复层柱状上皮，被命名为血管纹。基膜上，特别存在螺旋器这一听觉感受器，其结构包括毛细胞（神经上皮细胞）和支持细胞，共同承担着听觉传导的重要任务。

声波自外耳传入，引起鼓膜的振动，此振动进而经由听小骨传递至前庭窗，激起前庭阶外淋巴的振动。随后，这种振动通过前庭膜作用于耳蜗管内的淋巴液，引起其振动。同时，前庭阶外淋巴的振动也通过耳蜗孔传递至鼓阶，使基底膜发生共振。基底膜的振动进一步促使盖膜与毛细胞的纤毛接触，从而激发毛细胞的兴奋。这种兴奋产生的冲动经由耳蜗神经传递至中枢，最终产生听觉及听觉反射。

若上述部位出现任何病变，均可能引发传导性耳聋。例如，在中耳炎病畜中，鼓膜穿孔或听小骨功能障碍会导致传音能力降低，进而引发听力减退。另外，如果听神经或大脑皮层中与声音感受相关的神经细胞功能出现减退或丧失，将造成神经性耳聋。当前庭器官受到过强或过长时间的刺激时，会引发恶心、呕吐、眩晕、皮肤苍白等症状，这被称为前庭自主神经性反应（前庭自主神经性反应）。需要注意的是，部分动物（人）的前庭机能异常敏感，即使是轻微的前庭器官刺激也可能引起不适应反应，严重情况下甚至会出现晕动症，如晕车、晕船等现象。

四、声波在耳中的传递

耳的各部分均具备独特功能，共同协作以实现对声波的接收、转换与传导，进而为大脑提供可理解的电脉冲信号。具体而言，外耳负责收集声波，并将其导向中耳；中耳则对声波进行放大，再进一步传导至内耳。内耳的主要功能是将声波振动转换为电脉冲信号，这些信号随后通过听觉神经传输至大脑进行识别与处理。

耳部的结构与功能密切相关，整个声音传导过程如下：耳郭的凹陷结构有助于聚集和反射声波，增强声音强度，并将其引导至外耳道。外耳道呈"S"形，对声波产生折射作用，进一步增强声音，最终传导至鼓膜。声波作用于鼓膜，引发其振动。中耳内的听骨感受到这些振动，并通过特殊的放大机制，减少大声对内耳的潜在伤害。当振动到达耳蜗时，会对其内部流动速度产生影响，从而促使特定的神经细胞将声波转换为电脉冲信号。这些电脉冲信号随后由听觉神经传递至大脑的听觉中枢，最终转化为所感知的声音。

项目十三　畜禽解剖生理特征

任务一　家禽解剖生理

一、运动系统

（一）骨骼

1.头部骨骼

头部骨骼主要颅骨和面骨构成，这些骨头通常已经愈合，难以明确区分。在头部骨骼中，有下颌关节，它与方骨相连接。

2.躯干骨骼

躯干骨骼构造包括椎骨、肋以及胸骨三部分。颈椎段呈现乙状弯曲的形态特征，关节结构赋予了其高度灵活性，以适应头颈部多样的运动需求。胸椎则通过互相愈合的方式，形成了稳定的结构，不再具备活动性。肋骨中，第1对、第2对以及末肋不与胸骨相连接，而多数肋骨都拥有钩状突，这一结构特性有效地增强了胸廓的稳定性。

胸骨作为躯干骨骼的重要构成部分，其发达程度较高，腹面有胸嵴，不仅扩大了胸肌的附着面积，同时也为内脏器官提供了必要的保护。腰荐椎与相邻的胸椎、尾椎通过愈合作用，形成了一个稳固的整体结构，同样不具备活动性。尾椎则演化为尾综骨，为尾羽和尾脂腺提供了必要的支撑。

3.前肢骨骼

肩胛骨、乌喙骨及锁骨共同构成肩部骨架的核心结构——肩带，臂骨、前臂骨、腕骨、掌骨和指骨精准地排列组合，形成了具有高效运动功能的翼部。

4.后肢骨骼

盆带骨作为骨盆的重要组成部分,其结构包括髂骨、坐骨和耻骨。其中,耻骨形态细长,具有独特的生理特征。骨盆底部的开放结构,为雌禽产卵提供了便利条件,确保了繁殖过程的顺利进行。游离部骨则是由股骨、膝盖骨、小腿骨(含胫骨与腓骨)以及后脚骨等骨骼构成,共同维持着动物的运动功能。

(二)肌肉

家禽肌纤维较细,肌肉没有脂肪沉积。

家禽的肌纤维构造较为细致,其肌肉组织中并未发现明显的脂肪沉积现象,这反映了家禽生长过程中的生理特性与饲养管理的科学性。这一特点使得家禽的肉质更为鲜嫩,营养价值也更高。

二、被皮系统

(一)皮肤

家禽的皮肤构造较为特殊,其皮肤层相对较薄,缺乏汗腺和皮脂腺的正常分布。仅在其尾部,存有一种称为尾腺的特有腺体。

(二)皮肤衍生物

1.羽毛

作为皮肤的衍生物,羽毛形态各异,依据其特征可划分为被羽、绒羽以及纤羽三大类。

2.冠

冠部表皮层轻薄而富有弹性,真皮层则厚实且富含血管。

3.肉髯和耳垂

肉髯与耳垂的构造,与冠部在形态与结构上呈现出高度的相似性。

4.鳞片和爪以及距

脚部的鳞片、爪和距都是由表皮角质层加厚而成,能给予足部额外的保护和支撑。

三、消化系统

家禽的消化系统由一系列器官组成,包括口、咽、食管、胃、肠、泄殖腔、肛门以及肝和胰脏等。这些器官协同工作,完成食物的消化吸收以及废物的排出,为家禽提供所需的营养和能量。

(一)口和咽

家禽的口腔与咽腔相连通,无唇齿结构。其采食器官为喙,由特化的上下颚表面构成,具备捕捉、啄食和处理食物的功能。

(二)食管

家禽食管宽大,富有弹性。鸡食管在胸前口处有一膨大,称为嗉囊。

(三)胃

家禽的胃分为前胃和肌胃两部分。前胃在消化过程中起到一定作用,而肌胃则是主要的消化器官,负责彻底消化食物。这种胃部结构在家禽的消化过程中起着重要作用。

(四)肠

小肠由十二指肠、空肠和回肠三部分组成,主要负责消化吸收。而大肠则包括盲肠和直肠,其主要功能是吸收水分和形成粪便。

(五)泄殖腔和肛门

泄殖腔位于直肠后方,形状为椭圆囊。它是消化、泌尿和生殖三大系统末端的共同通道,用于排泄消化系统的废物、泌尿系统的尿液以及生殖系统的生殖产物。

（六）肝和胰

1.肝

家禽的肝脏体积较大，位于腹腔的前下部，其构造明晰，分为左、右两叶，其中右叶占据主导地位，显得尤为突出。此外，家禽的肝脏还包括胆囊，以满足其生理需求。

2.胰

胰腺位于十二指肠的升、降部之间，呈淡黄色或淡红色。它可分为背叶、腹叶和脾叶。胰腺在消化过程中分泌胰液，含有消化酶，对食物的消化起着重要作用。

四、呼吸系统

（一）鼻腔

鼻腔经由鼻中隔分为左右两半，而鼻腔内部有前、中、后三个鼻甲，每个鼻甲均承载着特定的生理功能。

（二）喉和气管

喉位于咽底壁，与外孔相对应。喉软骨主要由环状软骨和勺状软骨组成，这两种软骨由喉肌连接在一起。

（三）鸣管

鸣管位于胸前口气管的顶部，由鸣骨支撑，并由内外鸣膜共同构成。

（四）肺

禽类的肺通常呈鲜红色，左右各一叶。肺的壁面紧贴在胸壁和脊柱上，肺组织嵌入肋间隙内。这种结构有助于有效利用胸腔空间，并提供充分的气体交换表面，以满足禽类的呼吸需求。

（五）气囊

气囊是禽类的特殊结构，由肺内支气管黏膜突出形成，外被浆膜包裹。禽类的气囊包括颈气囊一对、胸前气囊、胸后气囊、腹气囊和锁骨间气囊，这些气囊的作用是贮存气体、减轻体重并调节体温。

五、泌尿系统

家禽的泌尿系统由肾和输尿管组成，用于排泄体内废物和调节体内水分。与其他动物不同，家禽的泌尿系统中没有膀胱，这使得它们的排泄方式更为直接和高效。

（一）肾

家禽的肾有一对，位于腰荐骨两侧的凹窝内，呈酱红色。肾的表面有浅沟，可据此分为前、中、后三叶。与其他动物不同，禽类的肾无肾门，其血管和输尿管直接从肾表面进出。

（二）输尿管

禽类的输尿管起始于肾前、中叶之间，然后向后延伸，并最终开口于泄殖腔的泄殖道。

六、生殖系统

（一）雄禽生殖系统

雄性禽类的生殖系统由睾丸、附睾、输精管和交配器官组成，用于生产和输送精子。与其他动物不同，雄禽的生殖系统中不包括副性腺。

（二）雌禽生殖系统

输卵管进一步细分漏斗部、蛋白分泌部、峡部、子宫部和阴道部。其中，漏斗部负责形成蛋黄，蛋白分泌部则负责分泌蛋清。峡部的作用是在蛋清外表面包裹两层蛋白和纤维性的卵黄膜。子宫部则是形成蛋壳的场所，而阴道部则是产道，负责卵子的最终排出。

七、循环系统

家禽的循环系统由心脏和血管两大部分构成。心脏的结构特征在于其右心房内含有一静脉窦。与常见的三尖瓣不同，右房室口上则是一个肌瓣，并无腱索结构。在家禽的血管系统中，动脉和静脉是主要的组成部分。值得注意的是，家禽的静脉系统中，有两条颈静脉位于皮下，这两条静脉沿着气管的两侧延伸，其中右侧的颈静脉相对较为粗壮。此外，家禽还拥有一对前腔静脉。

八、淋巴系统

淋巴系统由淋巴组织和淋巴器官组成。

（一）淋巴器官

淋巴器官是以淋巴组织为主构成的器官，包括胸腺、腔上囊、淋巴结、脾等。

1.胸腺

位于颈部两侧皮下，鸡每侧7叶，鸭每侧5叶，各叶约如小扁豆，连成链状，呈肉红色或微黄。家禽性成熟后，胸腺退化，仅留残迹。

2.腔上囊

又称法氏囊，是禽类特有的免疫器官，位于泄殖腔上方。其内壁有许多皱褶，囊腔基底部有一很细的短管与泄殖腔相通，随着家禽的性成熟，法氏囊会逐渐退化。

3.脾

该组织位于腺胃与肌胃的交界处，具体在右腹侧位置。其颜色呈现为棕红色。在脾内，存在来自法氏囊的B细胞和来自胸腺的T细胞，这两类细胞共同构成了免疫应答的核心场所，对于维护机体的免疫功能具有重要意义。

4.淋巴结

鸡体内没有淋巴结，而鸭等水禽则拥有两对淋巴结，分别为颈胸淋巴结和腰淋巴结。淋巴结的主要功能是生成淋巴细胞，并吞噬进入淋巴结内的细菌和异物，从而参与免疫活动，维护生物体健康。

（二）淋巴组织

淋巴组织在消化管及其他实质性器官中分布广泛，其中部分以弥漫性方式存在，而另一部分则形成小结节状结构。

九、内分泌系统

禽类的内分泌腺主要有脑下垂体、甲状腺和甲状旁腺、腮后腺、肾上腺、胰岛、松果体和性腺。

（一）脑下垂体

脑下垂体位于脑的底部，蝶骨颅面的蝶鞍内，呈长椭圆形，分为前叶和后叶。垂体前叶分泌生长激素、促肾上腺皮质激素、促性腺激素，影响禽体的生长发育、新陈代谢及生殖活动。垂体后叶释放的加压素和催产素具有增高血压、抗利尿和刺激输卵管平滑肌收缩的作用。

（二）甲状腺和甲状旁腺

禽类的甲状腺呈椭圆形暗红色，一对，位于胸腔入口处气管两侧，颈动脉旁。其分泌的激素能调节机体新陈代谢、促进生长发育、繁殖和换羽等。甲状旁腺有两对，紧靠甲状腺后端，呈暗褐色，其分泌的甲状旁腺素能调节机体的钙和磷的代谢。

（三）腮后腺

一种小型的内分泌腺体，在2至3 mm之间，呈血红色或淡红色，位于甲状旁腺的后侧。其所分泌的激素可调节血浆中钙离子浓度，抑制骨骼中钙质。

（四）肾上腺

肾上腺是位于两肾前叶前方的小腺体，分泌肾上腺皮质激素和肾上腺素。前者维持新陈代谢和水盐平衡，后者影响血糖、血压、心跳及性腺、胸腺活动。

（五）胰腺

调节脂类和糖在禽类体内的平衡。

（六）松果体

钝圆锥形小腺体，呈淡红色，位于大脑背侧和小脑之间的三角地带。其分泌的激素能够延迟生殖腺发育。

（七）性腺

雄性禽类的睾丸产生雄性激素，雌性禽类的卵巢产生雌性激素，禽类类冠的大小、被羽的色泽和结构、鸣声和性情等均受到性激素的控制。

十、神经系统

（一）中枢神经系统

1. 脊髓

形状细长，后端无马尾。形成颈膨大和腰膨大。腰膨大较发达，其背侧向左右分开，形成菱形窦，内充满胶状质。

2. 脑

大脑半球不发达，无沟回。小脑蚓部明显，缺半球，有 1 对绒球。

（二）外周神经

1. 脊神经

臂神经丛由颈膨大部位发出的 4 对脊神经的腹侧支构成，其分支延伸至前肢和胸部肌肉。腰荐部 8 对脊神经的腹侧支汇集形成腰荐神经丛，其主要分布于后肢和盆部区域。

2.脑神经

脑神经共计 12 对，其中三叉神经是最为发达的。副神经具有明显的根部，但并不具备独立的分支。

3.植物性神经

（1）交感神经系统由一对交感干构成，其在颈部位于横突管内，与椎动脉并行。在每个颈神经的交叉处，均存在一个神经节。而在胸部，交感神经干则呈现出双节间支的形态。此外，肠神经沿着肠系膜边缘分布于肠道周围。

（2）副交感神经分为头部和荐部两部分，其中迷走神经占据主导地位。

任务二　家禽器官解剖与观察

一、目的要求

了解并掌握家禽体内消化、呼吸、泌尿及生殖系统等各大器官的形态构造及其相互间的位置关系。

掌握禽类解剖的基础技术。

二、材料用具

动物体：公鸡、母鸡和四月龄鸡。

器械用具：解剖刀、剪、骨钳、镊、解剖板、细胶管（0.5 cm）、棉线绳、脸盆和毛刷。

三、实训方法

第一步，将禽类动物进行颈部切割（确保头部不断裂）以实现放血致死，随后将其平稳放置于解剖板上。接着，使用清水将禽类动物全身的羽毛仔细刷湿。

第二步，应将禽类置于仰卧状态，由喙腹侧起始，沿着颈、胸、腹正中线，直至泄殖孔附近，使用专业工具将皮肤剪开。随后，向两侧逐步剥离皮肤，直至翼根和腹股沟部。

第三步，从胸骨后端至泄殖腔剪开腹壁，再沿胸骨两侧剪断胸肋骨至锁骨，需要极大的谨慎和精确操作。同时，要注意剪断心、肝与胸骨间的系膜，最后将胸骨翻向前方。

第五步，从喉口部位插入一根细胶管，并逐步向其中吹入适量气体，随后利用棉线绳对气管进行妥善结扎。在此过程中，应密切留意各气囊的精确位置和形状变化，随后，精确剪除实验对象的胸骨部分。

第六步，对内脏器官的观察。①对消化系统各器官的观察：包括喙、腭裂、舌、食管、嗉囊、腺胃、肌胃等器官的观察，以及对十二指肠、肝、胰、空肠、回肠、盲肠、直肠、泄殖腔和脾脏等结构的确认。在观察过程中，需要特别关注各器官的形态、位置以及特征，如腺胃乳头、类角质膜、胃黏膜、肌层和外膜等。②对呼吸系统各器官的观察：着重于对鼻孔、喉口、气管黏膜、鸣管、支气管以及肺部等关键部位进行细致入微的检视。需要关注肺部的颜色与位置。③对泌尿系统各器官进行细致的观察：特别关注左右两肾和左右输尿管的状况，留意肾脏的位置、色泽及分叶情况。④对生殖系统各器官的观察。对于公禽，要重点关注其睾丸和输精管的位置与颜色，特别是输精管的起止端。对于母禽，应重点观察卵巢的形态和各期卵泡的变化情况，以及输卵管五段的明确区分和各部黏膜面的状态。同时，输卵管伞、腹腔口以及输卵管与泄殖腔的连通关系也是观察的重点。

第七步，心和坐骨神经观察。观察心和心包的位置及其心腔结构，确保对其有清晰的认识。同时，请仔细翻开股二头肌，以观察坐骨神经的位置关系，以及神经的颜色和粗细是否均匀。

四、教学组织

为切实提升学生实操能力，现决定将学生有序分为两组，每组分别安排一小时的集中教学时间。在此期间，教师将全面细致地为学生讲解操作规程，并同步展示规范的实际操作流程，确保每位学生都能清晰掌握操作要领。待学生基本理解并掌握相关操作后，教师将针对个人实际情况，提供精准有效的具体指导。

任务三　家畜内脏器官组织结构观察

一、目的要求

反刍动物具备四个胃，分别是瘤胃、网胃、瓣胃和皱胃。对于不同动物而言，小肠、盲肠、结肠、心、肺、喉、卵巢和肾等器官的位置与形态特征，也需要深入了解和熟练掌握。

二、材料用具

动物体：牛、羊
器械用具：解剖刀、剪刀、镊子。

三、实验内容

（一）消化器官的观察

1.口腔
牛唇短厚，无毛上唇与鼻孔间形成清晰鼻唇镜；羊上唇中央有显著纵沟。
2.胃
牛和羊均具备四个胃，其中瘤胃的体积最为显著，占据了胃部的较大比例。相对而言，网胃（特指牛）和瓣胃（特指羊）则显得较小。
3.小肠
小肠全部位于右侧腹腔。

4.大肠

以回盲口为界限,深入探查盲肠和结肠的健康状况。具体而言,盲肠位于腹腔的右半部分,确切位置为上三分之一处。

5.肝和胰

肝脏的分叶特征不显著,具备胆囊,且完全坐落于右季肋部;胰腺则呈现出长板状的形态。

（二）呼吸器官的观察

1.鼻、咽的观察

通过头部标本,观察鼻中隔、鼻甲骨、鼻道、鼻黏膜各区、额窦、上颌窦以及咽部的详细结构。

2.喉、气管和支气管的观察

利用离体呼吸器官标本,对喉软骨、喉黏膜、喉口、气管软骨环、气管黏膜、支气管及支气管黏膜等关键部位进行了详细观察和分析。

3.肺的观察

通过离体和实地观察,深入研究肺部颜色和位置关系。记录肺部的三面和三缘结构,全面观察心压迹、心切迹和肺门等重要部位。重视触觉感知肺部质地,精确区分肺的分叶和小叶结构。

4.纵隔、胸膜和胸膜腔的观察

用胸腔新鲜标本,以便更直观地观察纵隔、各区胸膜以及胸膜腔的形态与结构。

（三）泌尿器官的观察

1.肾脏的观察

利用浸制标本对肾纤维膜、肾门、肾窦、皮质、髓质、肾乳头、肾盏、集收管或肾盂进行细致观察。

2.输尿管、膀胱和尿道的观察

经整套泌尿系统离体标本检视,应重点观察输尿管的起始与终止部位,膀胱的顶部、体部、颈部结构,膀胱外膜与黏膜的完整性,公畜的骨盆部尿道与阴茎部尿道情况,以及尿道外口的状态。同时,亦需关注母畜的尿道外口与尿道憩室情况。

(四)生殖器官的观察

1.公畜生殖器官

观察阴囊、睾丸、附睾、精索和输精管等器官的形态特征、结构细节以及它们之间的相对位置关系。

2.母畜生殖器官

注意观察卵巢、子宫的形态、结构和位置关系。

(五)心血管系统的观察

1.心包

注意,心包的壁层(即纤维层)与紧贴心脏的心外膜之间形成了一个心包腔,此腔内含有少量的滑液。

2.心脏

剥去心包以观察心脏结构是一项重要的步骤。在观察过程中,需要关注心脏的外形、冠状沟、室间沟、心房、心室以及与心脏相连的各类血管,了解它们的名称以及血流方向。

3.右心房和右心室

沿右侧进行纵切,精准切开右心房和右心室,以及右心室口。

(1)仔细观察右心房与前、后腔静脉的入口,使用直尺精确测量心房肌的厚度,并将测量结果详细记录。

(2)关注右心室和肺动脉口的瓣膜,仔细查看右心室壁的厚度,并使用专业工具进行测量记录。

(3)在观察右房室瓣时,务必注意腱索的附着点。

4.左心室和左心房

沿左侧进行纵切操作,切开左心室和左心房,以及左房室口。

(1)对左心室壁进行细致观察,精确测量其厚度,并与右心室壁及心房进行科学的对比分析。

（2）认真观察左房室瓣的瓣膜形态，并与右房室瓣进行严谨的对比研究。

（3）深入观察左心房，精确定位肺静脉的入口位置。

（4）沿左房室瓣深面细致寻找主动脉口，并对其进行规范的纵形切口操作，以便全面观察主动脉瓣的结构特征。

四、教学组织

将学生划分为两个小组，每组接受一小时的教学安排。在此期间，教师将全面细致地讲解操作规程，并同步展示实际操作流程。待学生基本掌握相关知识和技能后，教师将根据学生的个人情况进行针对性地指导。